8일간의
선형대수학

AROUND LINEAR ALGEBRA IN 8 DAYS

8일간의 선형대수학

박부성 지음

KM 경문사

서 문

선형대수학 (linear algebra)은 방정식, 정확히는 연립일차방정식 (system of linear equations)을 푸는 방법과 그에 관련된 이론을 연구하는 학문이다. "선형 (linear)"은 일차식을 뜻하며, "대수 (algebra)"는 기호를 조작하여 답을 구하는 방법을 뜻한다. 그러나 현대적 의미의 선형대수학은 크게 세 가지 이론이 융합되어 있다고 할 수 있다. 첫째, 선형대수학의 역사적 근원이기도 한 연립일차방정식의 해법, 둘째, 행렬의 조작, 셋째, 추상적인 벡터공간의 이론이다.

연립일차방정식은 행렬을 이용하여 나타내고 풀 수 있으며, 연립일차방정식의 해집합은 벡터공간이 된다. 한편, 벡터공간 사이에 정의되는 "좋은 함수"는 행렬을 이용하여 나타낼 수 있다. 이처럼, 선형대수학의 세 요소인 연립일차방정식, 행렬, 벡터공간은 서로 밀접한 관련을 맺고 있으며, 하나의 문제를 서로 다른 세 가지 관점에서 다룰 수 있게 한다. 이 세 요소가 서로 얽혀 있다는 관점에서 바라 본다면 수학의 여러 분야를 이해하는 데 큰 도움이 될 것이다.

이 책은 경남대학교에서 추진했던 학과역량강화 사업의 산물이다. 선형대수학은 수학 거의 모든 분야의 기초가 되는 과목임에도 단순 계산에 매몰되어 전체적인 구조를 파악하지 못한 학생들이 적지 않았다. 이런 학생들을 위해 선형대수학의 여러 주제를 통합적인 관점에서 바라볼 수 있는 교재가 필요하였으나, 목적에 맞는 교재를 찾기가 쉽지 않았다. 무엇보다도 대부분의 책들이 한 학기 또는 두 학기 정도의 수업에 맞추어져 있어, 짧은 기간에 선형대수학을 정리하기에는 너무 양이 많았다. 이에

꼭 필요한 내용만 다루면서도 쉽게 읽을 수 있는 교재를 개발할 필요가 있었다.

이 책은 총 8개의 장(chapter)으로 이루어져 있으며, 한 장당 10여 쪽 정도로 구성하였다. 되도록 쉽게 풀어 쓰려 하였으나, 분량의 한계로 설명이 다소 부족한 부분도 없지 않으며, 구체적인 설명을 대신하여 연습문제로 돌린 것도 많다. 무엇보다도 직접 손으로 일일이 계산해 보는 "손맛"을 느낄 수 있는 문제가 별로 없다는 점은 이 책의 단점 가운데 하나이다. 몇 개의 장에는 마지막 절의 제목에 별표(*)가 붙어 있다. 이것은 선형대수학의 응용에 해당하는 주제로, 아직 선형대수학을 많이 공부하지 못한 학생이라면 생략해도 된다.

집필 목적을 뒤집어 생각하면, 이 책은 선형대수학을 공부하는 교재로 쓰기에 많이 부족하다. 주교재로 공부하다가 이해하기 어려운 부분을 다시 한번 살펴보거나, 이전에 학습한 부분을 요약 정리하는 보충교재로 사용하는 것이 적절할 것이다.

선형대수학 교재가 수백 수천 종이 있지만, 이 책의 기본은 이인석 선생님께서 쓰신 《선형대수와 군》이라 할 수 있다. 물론 이 책의 목표가 그리 높지도 않고, 무엇보다 저자의 능력이 부족하다 보니 이인석 선생님의 책처럼 화려하면서도 심오한 수학의 세계를 보여주는 경지에는 미치지 못한다. 그저 선형대수학이라는, 수학의 근본이 되는 학문의 한 자락이나마 느껴볼 수 있다면 이 책은 그 목적을 다했다 하겠다.

이 책의 제목 《8일 간의 선형대수학(Around Linear Algebra In 8 Days》은 쥘 베른(Jules Verne)의 소설 《80일 간의 세계일주(Tour du Monde en Quatre-Vingt Jours; Around the World in Eighty Days)》를 흉내낸 것이다. 소설 속 주인공 필리어스 포그(Phileas Fogg)가 80일만에 세계를 일주하기는 했지만, 그의 여행은 주마간산 격으로 지구를 한 바퀴 돈 것뿐이었다. 이 책을 다 끝내고 나면—물론 이 책을 8일만에 끝내라는 뜻은 아니다—세계를 일주했다는 것만으로 만족하지 말고 제대로 된 세계 여행에 나서기를 바란다.

연구실에서 마산 앞바다를 내려다 보며
저자 씀

차 례

몇 가지 기호들

- $\mathbb{R}$: 실수의 집합
- $\mathbb{R}^n = \{(a_1, a_2, \dots, a_n) \mid a_i \in \mathbb{R}\}$
- $\mathbb{C}$: 복소수의 집합
- $\mathbb{C}^n = \{(a_1, a_2, \dots, a_n) \mid a_i \in \mathbb{C}\}$
- $\left[a_{ij}\right]_{1\le i\le m, 1\le j\le n} = \begin{bmatrix} a_{11} & a_{12} & \cdots & a_{1n} \\ a_{21} & a_{22} & \cdots & a_{2n} \\ \vdots & \vdots & \ddots & \vdots \\ a_{m1} & a_{m2} & \cdots & a_{mn} \end{bmatrix}$: $m \times n$ 행렬
- I, I_n: (n차) 항등행렬
- 0: 영행렬(모든 성분이 0인 행렬)
- $\mathrm{Mat}_{m\times n}(\mathbb{R})$: 모든 성분이 실수인 $m \times n$ 행렬의 집합
- $\mathrm{Mat}_n(\mathbb{R})$: 모든 성분이 실수인 n차 정사각행렬의 집합
- $\mathrm{Mat}_{m\times n}(\mathbb{C})$: 모든 성분이 복소수인 $m \times n$ 행렬의 집합
- $\mathrm{Mat}_n(\mathbb{C})$: 모든 성분이 복소수인 n차 정사각행렬의 집합
- $\mathrm{P}_n(\mathbb{R})$: n차 이하의 실계수 다항식의 집합
- $\mathrm{A}^{-1}, \mathrm{inv}\,\mathrm{A}$: A의 역행렬(inverse matrix)

- $\det A$: 행렬 A의 행렬식(determinant)
- $\operatorname{tr} A$: 행렬 A의 대각합(trace)
- $\operatorname{adj} A$: (고전적) 수반행렬(隨伴行列, adjugate matrix, classical adjoint matrix)
- A^T: 행렬 A의 전치행렬(轉置行列, transpose matrix)
- A^*: 행렬 A의 켤레전치(conjugate transpose), 수반행렬(adjoint matrix)
- $\dim V, \dim_F V$: (스칼라가 체 F인) 벡터공간 V의 차원
- $\mathbf{0}$: 영벡터. 벡터공간에서 덧셈 연산에 대한 항등원.
- $\|\mathbf{v}\|$: 벡터 $\mathbf{v}$의 놈(norm)
- $\mathbf{v} \cdot \mathbf{w}$: 벡터 $\mathbf{v}$와 $\mathbf{w}$의 표준내적
- $\langle \mathbf{v}, \mathbf{w} \rangle$: 벡터 $\mathbf{v}$와 $\mathbf{w}$의 일반적인 내적
- $\mathbf{v} \times \mathbf{w}$: 벡터 $\mathbf{v}$와 $\mathbf{w}$의 외적
- $[\mathbf{v}]_{\mathscr{B}}$: 벡터 $\mathbf{v}$의 기저 $\mathscr{B}$에 대한 좌표벡터
- $[T]_{\mathscr{C}}^{\mathscr{B}}$: 선형사상 T의 기저 $\mathscr{B}$와 기저 $\mathscr{C}$에 대한 표현
- L_A: 행렬 A를 왼쪽에 곱하는 선형사상(left multiplication)
- $\ker T$: 선형사상 T의 핵(核, kernel)
- $\operatorname{null} A$: 행렬 A의 영화공간(零化空間, null space)의 차원
- $\operatorname{rank} A$: 행렬 A의 계수(階數, rank)
- $A \sim B$: 행렬 A와 B는 서로 닮은 행렬. $A = P^{-1}BP$
- $\operatorname{char.poly}_A(x)$: 행렬 A의 특성다항식
- $\operatorname{min.poly}_A(x)$: 행렬 A의 최소다항식

첫째 날

Around Linear Algebra In 8 Days

연립일차방정식

가우스(Gauss)의 착상:
"연립일차방정식을 푸는 기계적인 방법(algorithm)을 구성하자."

1.1 중요한 것은 계수!

그림 1.1은 연립일차방정식

$$\begin{cases} 2x + 3y = 10 \\ 3x + 4y = 20 \end{cases}$$

의 해를 구하는 과정을 나타낸 것이다. 왼쪽은 보통 사용하는 방법대로 식을 적절히 변형하여 문자를 하나씩 소거해 나가는 것이고, 오른쪽은 왼쪽의 과정을 계수만 늘어놓고 진행한 것이다.

그림 1.1의 계산에서 오른쪽에서처럼 직사각형 모양으로 수를 나열한 것을 **행렬**(行列, matrix)이라 한다. 행렬에서 가로로 배열된 것을 **행**(row), 세로로 배열된 것을 **열**(column)이라 하며, m개의 행과 n개의 열로 이루어진 행렬을 $m \times n$ **행렬**이라 한다. 행렬을 구성하는 각 수는 **성분**(entry)이라 한다. 행의 수와 열의 수가 같은 행렬을 특별히 **정사각행렬**

당연히 $m \times n$ 행렬은 $m \times n$개의 성분으로 이루어져 있다.

$$\begin{cases} 2x + 3y = 10 & \cdots(1) \\ 3x + 4y = 20 & \cdots(2) \end{cases} \qquad \begin{bmatrix} 2 & 3 & 10 \\ 3 & 4 & 20 \end{bmatrix}$$

$$\xrightarrow{(1)\times 4 \to (1)} \begin{cases} 8x + 12y = 40 & \cdots(1) \\ 3x + 4y = 20 & \cdots(2) \end{cases} \qquad \xrightarrow{1\text{행}\times 4 \to 1\text{행}} \begin{bmatrix} 8 & 12 & 40 \\ 3 & 4 & 20 \end{bmatrix}$$

$$\xrightarrow{(2)\times 3 \to (2)} \begin{cases} 8x + 12y = 40 & \cdots(1) \\ 9x + 12y = 60 & \cdots(2) \end{cases} \qquad \xrightarrow{2\text{행}\times 3 \to 2\text{행}} \begin{bmatrix} 8 & 12 & 40 \\ 9 & 12 & 60 \end{bmatrix}$$

$$\xrightarrow{(1)-(2) \to (1)} \begin{cases} -x = -20 & \cdots(1) \\ 3x + 4y = 20 & \cdots(2) \end{cases} \qquad \xrightarrow{1\text{행}-2\text{행} \to 1\text{행}} \begin{bmatrix} -1 & 0 & -20 \\ 3 & 4 & 20 \end{bmatrix}$$

$$\xrightarrow{(1)\times 3 \to (1)} \begin{cases} -3x = -60 & \cdots(1) \\ 3x + 4y = 20 & \cdots(2) \end{cases} \qquad \xrightarrow{1\text{행}\times 3 \to 1\text{행}} \begin{bmatrix} -3 & 0 & -60 \\ 3 & 4 & 20 \end{bmatrix}$$

$$\xrightarrow{(1)+(2) \to (2)} \begin{cases} -3x = -60 & \cdots(1) \\ 4y = -40 & \cdots(2) \end{cases} \qquad \xrightarrow{1\text{행}+2\text{행} \to 2\text{행}} \begin{bmatrix} -3 & 0 & -60 \\ 0 & 4 & -40 \end{bmatrix}$$

$$\xrightarrow{(1)\times(-\frac{1}{3}) \to (1)} \begin{cases} x = 20 & \cdots(1) \\ 4y = -40 & \cdots(2) \end{cases} \qquad \xrightarrow{1\text{행}\times(-\frac{1}{3}) \to 1\text{행}} \begin{bmatrix} 1 & 0 & 20 \\ 0 & 4 & -40 \end{bmatrix}$$

$$\xrightarrow{(2)\times\frac{1}{4} \to (2)} \begin{cases} x = 20 & \cdots(1) \\ y = -10 & \cdots(2) \end{cases} \qquad \xrightarrow{2\text{행}\times\frac{1}{4} \to 2\text{행}} \begin{bmatrix} 1 & 0 & 20 \\ 0 & 1 & -10 \end{bmatrix}$$

그림 1.1 연립방정식을 푸는 과정

(square matrix)이라 하며, $n \times n$ 행렬은 n차 정사각행렬이라 한다. 편의상 다음과 같은 기호를 정의하자.

> $\mathrm{Mat}_{m\times n}(\mathbb{R})$: 모든 성분이 실수인 $m \times n$ 행렬의 집합
> $\mathrm{Mat}_n(\mathbb{R})$: 모든 성분이 실수인 n차 정사각행렬의 집합

1.2 가우스 소거법

문제를 풀기 위한 기계적 절차를 뜻하는 알고리듬(algorithm)에는 언제나 두 가지 주의점이 있다.

> (1) 유한한 단계에 끝이 나는가?
> (2) 최종 결과가 원하는 것인가?

(연립) 방정식을 푸는 것은 "더 간단한 형태"를 만드는 것이므로, 앞의 두 주의점은 다음과 같이 바꿔 생각할 수 있다.

(1)′ 언제 끝낼 것인가? = 가장 간단한 형태는 무엇인가?
(2)′ 연립방정식의 해가 바뀌지 않게 변형하는 방법은 무엇인가?

(1′)에 대한 답은 (기약) 행사다리꼴의 행렬을 찾는 것이다.

- 행사다리꼴(row echelon form)

echelon /ˈɛʃəlɒn/

$$\begin{bmatrix} * & * \\ 0 & * \end{bmatrix}, \begin{bmatrix} * & * & * \\ 0 & * & * \end{bmatrix}, \begin{bmatrix} * & * \\ 0 & * \\ 0 & 0 \end{bmatrix}, \begin{bmatrix} * & * & * \\ 0 & * & * \\ 0 & 0 & * \end{bmatrix} \rightsquigarrow \text{가우스 소거법}$$

- 기약행사다리꼴(reduced row echelon form)

$$\begin{bmatrix} 1 & 0 \\ 0 & 1 \end{bmatrix}, \begin{bmatrix} 1 & 0 & * \\ 0 & 1 & * \end{bmatrix}, \begin{bmatrix} 1 & 0 \\ 0 & 1 \\ 0 & 0 \end{bmatrix}, \begin{bmatrix} 1 & 0 & 0 \\ 0 & 1 & 0 \\ 0 & 0 & 1 \end{bmatrix} \rightsquigarrow \text{가우스-요르단 소거법}$$

각 행의 0이 아닌 첫 번째 수는 1

요르단(Wilhelm Jordan, 1842~1899): 독일의 측지학자

(2′)에 대한 답은 연립방정식을 푸는 과정을 관찰하여 얻을 수 있는 다음 조작이다.

- 기본행연산(elementary row operation)
  1. 행렬의 한 행을 상수배한다.
  2. 행렬의 두 행을 맞바꾼다.
  3. 한 행을 상수배하여 다른 행에 더한다.

1.3 연립일차방정식의 근의 공식

일변수 일차방정식 $ax = b$의 근의 공식은 $x = \frac{b}{a}$이라 할 수 있다. 이차방정식의 근의 공식은 잘 알려져 있으며, 다소 복잡하지만 삼차방정식의 근의 공식도 알려져 있다. 이제 차수를 높이는 대신, 미지수의 개수를 늘여 보자.

연습문제 1.1 다음 연립일차방정식의 해를 구하여라.

$$\begin{cases} 2x + 3y = a & \cdots (1) \\ 3x + 4y = b & \cdots (2) \end{cases}$$

위의 연립일차방정식을 "변환"의 관점에서 생각하여 보자. 즉, 다음과 같은 사상 f를 생각하자.

$$f: \mathbb{R}^2 \to \mathbb{R}^2,\ (x,y) \mapsto (2x+3y, 3x+4y)$$

위의 연립일차방정식의 해를 구한다는 것은 $(a,b) \in \mathbb{R}^2$의 f에 대한 역상

$$f^{-1}(a,b)$$

를 구하는 것과 같다.

> 엄밀히는 $f^{-1}((a,b))$로 써야 하지만 ~~귀찮아서~~ 편의상 괄호 한 쌍을 생략한다.

중요한 것은 계수라는 관점에서 생각하면, 사상 f에 행렬

$$\begin{bmatrix} 2 & 3 \\ 3 & 4 \end{bmatrix}$$

가 대응된다고 할 수 있다. 따라서 위의 연립방정식의 해를 구한다는 것은 역사상인 f^{-1}에 해당하는 행렬을 구하는 것과 마찬가지이다.

$$f \leftrightarrow \begin{bmatrix} 2 & 3 \\ 3 & 4 \end{bmatrix} \quad \leftrightsquigarrow \quad f^{-1} \leftrightarrow \begin{bmatrix} ? & ? \\ ? & ? \end{bmatrix}$$

연습문제 1.2 위의 연습문제에서 구한 해를 x, y에 대입하여 그 결과가 a, b가 되는지 확인하여라. 즉,

$$f(f^{-1}(a,b)) = (a,b)$$

가 성립하는지 확인하여라.

> 뭐 이렇게 뻔한 걸 풀어보라고 하나 생각하겠지만, 풀어보라고 하는 저자도 민망하다.

1.4 사상의 합성과 행렬의 곱

두 변환 $f, g: \mathbb{R}^2 \to \mathbb{R}^2$가 각각 다음과 같이 주어졌다고 하자.

$$f(x,y) = (ax+by, cx+dy), \qquad g(x,y) = (px+qy, rx+sy)$$

이때 두 사상의 합성 $f \circ g$를 구하면

$$\begin{aligned} f \circ g(x,y) &= (a(px+qy)+b(rx+sy), c(px+qy)+d(rx+sy)) \\ &= ((ap+br)x+(aq+bs)y, (cp+dr)x+(cq+ds)y) \end{aligned}$$

가 된다. 변환과 행렬을 대응시킬 수 있으므로, 변환의 합성에 해당하는 행렬의 연산이 정해지는 것이 자연스럽다.

$$f \leftrightarrow \begin{bmatrix} a & b \\ c & d \end{bmatrix} \qquad g \leftrightarrow \begin{bmatrix} p & q \\ r & s \end{bmatrix} \quad \rightsquigarrow \quad f \circ g \leftrightarrow \begin{bmatrix} ap+br & aq+bs \\ cp+dr & cq+ds \end{bmatrix}$$

이것을 **행렬의 곱**으로 정의하고 특별한 연산기호 없이 두 행렬을 나란히 써서 나타낸다.

연습문제 1.3 앞의 연습문제에서 f와 f^{-1}에 대응하는 두 행렬을 구하였다. 이 두 행렬의 곱을 계산하여 보아라.

일반적으로 두 행렬 A와 B의 곱 AB가 정의되려면, A의 열의 수와 B의 행의 수가 같아야 한다. (why?) (멋진) 그림 1.2는 $n \times p$ 행렬 $\left[a_{ij}\right]$와 $p \times q$ 행렬 $\left[b_{ij}\right]$의 곱 $\left[c_{ij}\right]$를 계산하는 방법을 나타낸 것이다. 한편, 정사각행렬 A를 거듭하여 곱한 결과는 $A^2, A^3, \ldots$ 으로 나타낸다.

행렬의 곱에 대해 주의해야 할 점은, 일반적으로 두 행렬 A와 B에 대하여 $AB \neq BA$라는 점이다.

행렬의 곱을 이용하면 연립일차방정식을 다음과 같이 나타낼 수 있다.

$$\begin{cases} 2x+3y=10 & \cdots(1) \\ 3x+4y=20 & \cdots(2) \end{cases} \quad \leftrightsquigarrow \quad \begin{bmatrix} 2 & 3 \\ 3 & 4 \end{bmatrix}\begin{bmatrix} x \\ y \end{bmatrix} = \begin{bmatrix} 10 \\ 20 \end{bmatrix}$$

위 식에서 두 행렬이 같다(=)는 것은 당연히 대응하는 모든 성분이 같다는 뜻이다. 행렬의 상등

물론 변환 $(x', y') = f(x, y)$도 행렬로 나타낼 수 있다.

$$f : (x, y) \mapsto (ax+by, cx+dy) \quad \leftrightsquigarrow \quad \begin{bmatrix} x' \\ y' \end{bmatrix} = \begin{bmatrix} a & b \\ c & d \end{bmatrix}\begin{bmatrix} x \\ y \end{bmatrix}$$

이 변환에서 볼 수 있듯이 $\mathbb{R}^n$의 점 $(a_1, a_2, \ldots, a_n)$과 $n \times 1$ 행렬

$$\begin{bmatrix} a_1 \\ a_2 \\ \vdots \\ a_n \end{bmatrix}$$

$(1,2,3) = \begin{bmatrix} 1 \\ 2 \\ 3 \end{bmatrix}$

$(1,2,3) \neq \begin{bmatrix} 1 & 2 & 3 \end{bmatrix}$

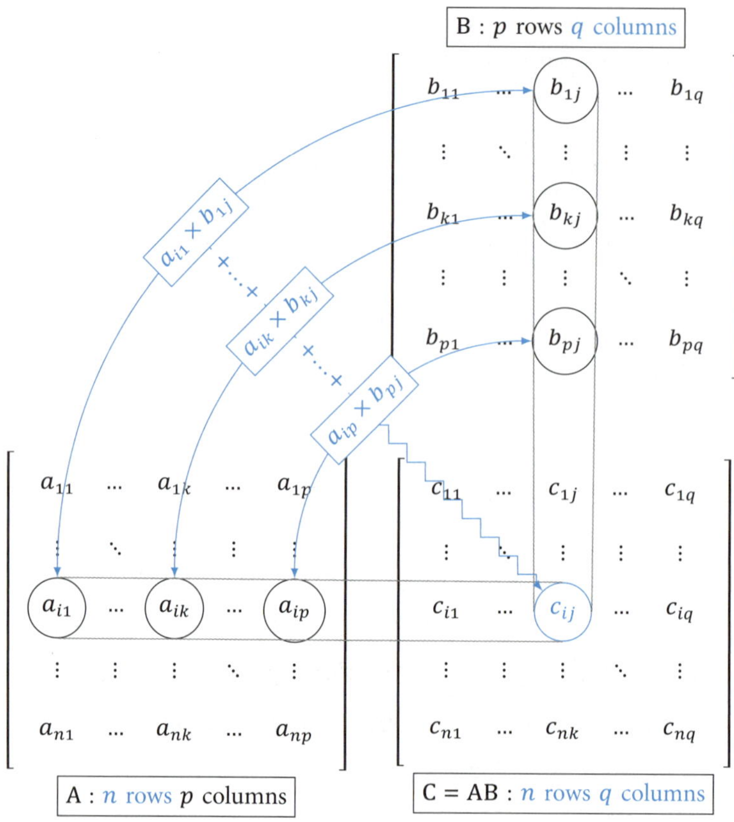

원작 : Alain Matthes

그림 1.2 행렬의 곱 AB

1 × n 행렬은 당연히 행벡터(row vector)

을 같은 것으로 생각할 수 있다. 이와 같은 행렬을 열벡터(column vector)라 한다.

1.5 가우스 소거법 다시 보기

컴퓨터의 C 언어 컴파일러를 C 언어 자신으로 만드는 것과 비슷하달까.

가우스 소거법은 주어진 연립일차방정식의 방정식 하나하나를 마치 하나의 문자처럼 생각하여 일차식처럼 다룬다. 따라서 가우스 소거법에 사용되는 기본행연산 또한 행렬을 이용하여 나타낼 수 있다. 행렬을 조작하는 방법을 다시 행렬로 나타낸다는 것은 대단히 놀라운 아이디어이다.

- 첫 번째 행을 k 배한다.

$$\rightsquigarrow \text{ 행렬 } \begin{bmatrix} k & 0 & \cdots & 0 \\ 0 & 1 & \cdots & 0 \\ \vdots & \vdots & \ddots & \vdots \\ 0 & 0 & \cdots & 1 \end{bmatrix} \text{을 왼쪽에 곱한다.}$$

- 첫 번째 행과 두 번째 행을 맞바꾼다.

$$\rightsquigarrow \text{ 행렬 } \begin{bmatrix} 0 & 1 & 0 & \cdots & 0 \\ 1 & 0 & 0 & \cdots & 0 \\ 0 & 0 & 1 & \cdots & 0 \\ \vdots & \vdots & \vdots & \ddots & \vdots \\ 0 & 0 & 0 & \cdots & 1 \end{bmatrix} \text{을 왼쪽에 곱한다.}$$

- 첫 번째 행을 k 배하여 두 번째 행에 더한다.

$$\rightsquigarrow \text{ 행렬 } \begin{bmatrix} 1 & 0 & 0 & \cdots & 0 \\ k & 1 & 0 & \cdots & 0 \\ 0 & 0 & 1 & \cdots & 0 \\ \vdots & \vdots & \vdots & \ddots & \vdots \\ 0 & 0 & 0 & \cdots & 1 \end{bmatrix} \text{을 왼쪽에 곱한다.}$$

기본행연산을 나타내는 행렬을 **기본 행렬(elementary matrix)**이라 한다.

연습문제 1.4 기본 행렬을 오른쪽에 곱하면 어떻게 되는지 알아보고, 기본열연산(elementary column operation)을 나타내는 행렬을 찾아보아라.

행렬로 나타낸 연립방정식

$$\mathrm{A}\begin{bmatrix} x_1 \\ x_2 \\ \vdots \\ x_n \end{bmatrix} = \begin{bmatrix} b_1 \\ b_2 \\ \vdots \\ b_n \end{bmatrix}$$

의 해를 가우스 소거법으로 구하는 것은, 적당한 기본 행렬 $\mathrm{E}_1, \mathrm{E}_2, \ldots, \mathrm{E}_r$를 A에 곱하여

$$\mathrm{E}_r \mathrm{E}_{r-1} \cdots \mathrm{E}_2 \mathrm{E}_1 \mathrm{A}$$

가 행사다리꼴이 되게 만드는 것과 같다. 이때 방정식의 해는

$$E_r E_{r-1} \cdots E_2 E_1 \begin{bmatrix} b_1 \\ b_2 \\ \vdots \\ b_n \end{bmatrix}$$

를 이용하여 구할 수 있다.

행렬 표현의 역사를 다루지는 않는다.

1.6 역사상의 행렬 표현

앞서 연립일차방정식의 해를 구하는 것은 역사상을 구하는 것과 마찬가지라고 하였다. 역사상이 존재하려면 1-1이고 onto가 되어야 하므로, 사상 $f: \mathbb{R}^m \to \mathbb{R}^n$의 역사상이 존재하려면 $m = n$이어야 한다. 이때 $f \circ g = g \circ f = \mathrm{Id}$를 만족하는 사상 g를 f의 역사상이라 한다. 한편 사상을 행렬로 나타낼 수 있으므로, 사상 f를 나타내는 행렬을 A라 할 때, 역사상을 나타내는 행렬 X는 유일하게 존재하고,

$$AX = XA = I_n = \begin{bmatrix} 1 & 0 & \cdots & 0 \\ 0 & 1 & \cdots & 0 \\ \vdots & \vdots & \ddots & \vdots \\ 0 & 0 & \cdots & 1 \end{bmatrix}$$

행렬의 크기를 굳이 나타낼 필요가 없을 때에는 I_n 대신 그냥 I로 나타낸다.

를 만족해야 한다. 위의 식에서 I_n은 1행1열부터 n행n열까지 대각성분이 모두 1이고 나머지 성분은 모두 0인 행렬로서, 항등행렬(identity matrix)이라 한다. 위 등식을 만족하는 행렬 X는 행렬 A의 역행렬(inverse matrix)이라 하고 A^{-1} 또는 inv A로 나타낸다.

행렬 A가 1-1이고 onto인 사상을 나타낼 때에만 역행렬이 존재하므로, 모든 행렬에 대해 역행렬이 존재하는 것은 아니다. 만약 행렬 A의 역행렬이 존재한다면, A를 가역(可逆, invertible)인 행렬이라 한다.

역행렬의 정의에는 곱의 순서를 바꾼 AX = I와 XA = I가 둘 다 필요하지만, 두 행렬이 크기가 같은 정사각행렬이라면, AX = I에서 XA = I를 이끌어낼 수 있다. (정리 1.1) 따라서 두 정사각행렬 A와 B가 서로 역행렬인지를 확인하려면, AB = I나 BA = I 가운데 하나만 확인하여도 된다.

정리 1.1

n차 정사각행렬 A와 B에 대하여, AB = I이면 BA = I가 된다.

흔히 AB = I의 양변에 B^{-1}를 곱하여 $A = B^{-1}$를 얻고, 다시 양변의 왼쪽에 B를 곱하여 $BA = BB^{-1} = I$가 된다고 생각하지만, 아직 존재하는지 존재하지 않는지도 모르는 B^{-1}를 양변에 곱하는 방식으로 증명할 수는 없다.

현재로서는 이 정리를 증명할 수 없다. 행렬식을 이용한 증명은 2.3절(p.22)에서 다루고, 차원 정리를 이용한 증명은 5.2절(p.57)에서 다룬다.

역행렬을 나타내기 위해 사용된 기호 $^{-1}$은 지수를 나타내는 것이 아니다. 실수의 집합 $\mathbb{R}$에서는 우연히도(?) $a^{-1} = \frac{1}{a}$가 성립하지만, 행렬에 대해 A^{-1}를 $\frac{1}{A}$이나 $\frac{I}{A}$로 쓸 수는 없다. 그러나 기호 $^{-1}$를 지수처럼 생각하면 계산이 간단해지는 경우가 많다. 예를 들어 역행렬에 대하여 다음이 성립한다.

함수 f의 역함수 f^{-1}가 $\frac{1}{f}$이 아닌 것처럼.

연습문제 1.5 다음이 성립함을 보여라.

$$A^{-1}A^{-1} = (A^{-1})^2 = (A^2)^{-1}$$

일반적으로, 자연수 n에 대하여

$$(A^{-1})^n = (A^n)^{-1}$$

이 성립함을 보여라.

$(-1) \times 2 = 2 \times (-1)$이므로 당연해 보인다면, $(\mathrm{inv}\,A)^2 = \mathrm{inv}(A^2)$을 증명하여 보아라.

연습문제의 결과로부터 A^{-2}, A^{-100}과 같은 표현을 자유롭게 사용할 수 있다.

연습문제 1.6 다음도 성립함을 보여라.

$$(A^{-1})^{-1} = A$$

일반적으로, 음의 정수 n에 대하여

$$(A^{-1})^n = (A^n)^{-1}$$

이 성립함을 보여라.

$(-1) \times (-1) = 1$이므로 당연해 보인다면, $\mathrm{inv}(\mathrm{inv}\,A) = A$를 증명하여 보아라.

이상의 결과로부터 임의의 정수 m, n에 대하여, 지수법칙

$$A^m A^n = A^{m+n}, \quad (A^m)^n = A^{mn}$$

$a \neq 0$일 때 $a^0 = 1$로 정의하는 것과 마찬가지.

이 성립한다. 단, (당연히) $A^0 = I$로 생각한다.

두 행렬의 곱에 대한 역행렬은 두 행렬 각각의 역행렬의 곱으로 나타낼 수 있다. 단, 이때 두 역행렬을 곱하는 순서에 주의해야 한다.

연습문제 1.7 가역인 두 정사각행렬 A와 B에 대하여 다음이 성립함을 보여라.

$$(AB)^{-1} = B^{-1}A^{-1}$$

이제 2차 정사각행렬 $A = \begin{bmatrix} a & b \\ c & d \end{bmatrix}$의 역행렬 A^{-1}를 구하여 보자. A^{-1} 역시 2차 정사각행렬이므로, $A^{-1} = \begin{bmatrix} x & y \\ z & w \end{bmatrix}$라 두면,

$$AA^{-1} = \begin{bmatrix} ax+bz & ay+bw \\ cx+dz & cy+dw \end{bmatrix} = \begin{bmatrix} 1 & 0 \\ 0 & 1 \end{bmatrix},$$
$$A^{-1}A = \begin{bmatrix} xa+yc & xb+yd \\ za+wc & zb+wd \end{bmatrix} = \begin{bmatrix} 1 & 0 \\ 0 & 1 \end{bmatrix}$$

가우스-요르단 소거법으로!

이 성립해야 한다. 이 방정식을 풀면,

정리 1.2

$$A^{-1} = \frac{1}{ad-bc}\begin{bmatrix} d & -b \\ -c & a \end{bmatrix}$$

를 얻는다. 따라서 다음 연립일차방정식

$$\begin{cases} ax+by = \alpha \\ cx+dy = \beta \end{cases}$$

의 근의 공식은

$$\begin{bmatrix} x \\ y \end{bmatrix} = \frac{1}{ad-bc}\begin{bmatrix} d & -b \\ -c & a \end{bmatrix}\begin{bmatrix} \alpha \\ \beta \end{bmatrix}$$

가 된다.

3차 이상의 정사각행렬에 대한 역행렬을 하나의 공식처럼 나타내는 것은 매우 복잡하므로, 가우스-요르단 소거법을 이용하여 직접 역행렬을 구하는 것이 낫다.

사실 역행렬을 직접 구하는 일은 거의 없다.

연습문제 1.8 가우스-요르단 소거법을 이용하여 다음 3차 정사각행렬의 역행렬을 구하여라.

$$\begin{bmatrix} 2 & 1 & 1 \\ 1 & 2 & 0 \\ 0 & 1 & 1 \end{bmatrix}$$

기본행연산을 이용하여 $AX = I$의 좌변을 IX로 변형한다.

위 문제의 풀이 과정을 생각하면 다음의 결과를 얻을 수 있다.

정리 1.3

가역인 행렬은 기본행렬의 곱으로 나타낼 수 있다.

Proof 가역인 행렬을 A라 하면, A에 기본행연산을 반복해서 적용하여 항등행렬 I가 되게 만들 수 있다. 기본행연산을 행렬로 나타낼 수 있으므로, 적당한 기본행렬 $E_1, E_2, \ldots, E_r$가 존재하여

$$E_r E_{r-1} \cdots E_2 E_1 A = I$$

가 된다. 이제 양변의 왼쪽에 $E_r^{-1}, E_{r-1}^{-1}, \ldots, E_2^{-1}, E_1^{-1}$를 차례대로 곱하면,

$$A = E_1^{-1} E_2^{-1} \cdots E_{r-1}^{-1} E_r^{-1}$$

가 된다. 기본행렬의 역행렬은 기본행렬이므로 (why?) 행렬 A는 기본행렬의 곱으로 나타낼 수 있다. ■

둘째 날

Around Linear Algebra In 8 Days

행렬식

세키 코와(關孝和)와 라이프니츠(Leibniz)의 착상 :
"연립일차방정식의 계수만으로 해의 존재성을 알 수 없을까?"

2.1 역행렬의 존재성

연립일차방정식의 해를 구하는 것은 대응하는 행렬의 역행렬을 구하는 것과 같다. 그러나 다음의 경우처럼 역행렬이 존재하지 않는 경우가 있다.

미지수의 개수와 방정식의 개수가 같은 경우만을 생각한다.

$$\begin{cases} 2x + 4y = 0 & \cdots (1) \\ 3x + 6y = 0 & \cdots (2) \end{cases} \qquad \begin{cases} 2x + 4y = 1 & \cdots (3) \\ 3x + 6y = 2 & \cdots (4) \end{cases}$$

첫 번째 연립방정식의 경우, (1)과 (2)는 사실상 하나의 식이므로 해는 무한히 많다. 반면, 두 번째 연립방정식의 경우, (3)과 (4)를 동시에 만족하는 해는 없다.

두 경우 모두 역행렬이 존재하지 않으므로, 행렬 $\begin{bmatrix} 2 & 4 \\ 3 & 6 \end{bmatrix}$에 해당하는 사상의 역사상도 존재하지 않는다.

주어진 연립일차방정식이 유일한 해를 갖는지 그렇지 않은지, 바꿔 말해, 대응하는 행렬의 역행렬이 존재하는지 그렇지 않은지를 계수만을 이용하여 알아내는 방법이 **행렬식**(行列式, determinant)이다.

"판정식" 정도로 번역하는 게 낫지 않았을지.

미지수가 2개인 연립일차방정식은 2차 정사각행렬 $\begin{bmatrix} a & b \\ c & d \end{bmatrix}$의 역행렬 공식으로부터 $ad - bc$가 0이 아닐 때만 유일한 해를 갖는다. 이 값을 이 행렬의 행렬식이라 하고,

$$\det \begin{bmatrix} a & b \\ c & d \end{bmatrix} := ad - bc$$

로 정의한다.

미지수가 3개인 연립일차방정식

$$\begin{cases} a_{11}x + a_{12}y + a_{13}z = b_1 \\ a_{21}x + a_{22}y + a_{23}z = b_2 \\ a_{31}x + a_{32}y + a_{33}z = b_3 \end{cases}$$

세키와 라이프니츠의 관찰(1683년)

은 다음 식의 계산 결과가 0이 아닐 때만 유일한 해를 갖는다.

$$a_{11}a_{22}a_{33} + a_{12}a_{23}a_{31} + a_{13}a_{21}a_{32} - a_{31}a_{22}a_{13} - a_{32}a_{23}a_{11} - a_{33}a_{21}a_{12}$$

사뤼스(Pierre Frédéric Sarrus, 1798~1861): 프랑스의 수학자

매우 복잡한 식이지만, 3차 정사각행렬에 대한 행렬식은 **사뤼스의 법칙**을 이용하면 외우기 쉽다.

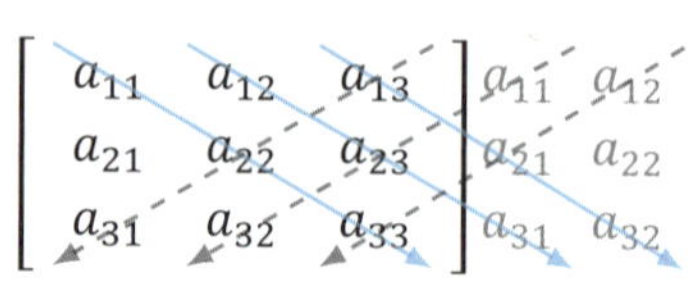

2.2 행렬식의 기하적 의미

다시 한번 연립일차방정식을 변환으로 생각하자. 다음과 같이 정의된 사상 f는 $\mathbb{R}^2$ 위의 점을 $\mathbb{R}^2$ 위의 점으로 보내며, 식 자체가 일차식이므로 직선을 직선으로 보낸다.

$a = b = c = d = 0$ 같은 예외적인 경우는 잠깐 잊자.

$$f : \mathbb{R}^2 \to \mathbb{R}^2,\ (x, y) \mapsto (ax + by, cx + dy)$$

따라서 좌표평면 $\mathbb{R}^2$ 위의 네 점 $(0,0), (1,0), (1,1), (0,1)$을 꼭지점으로 하는 정사각형은 사상 f에 의해 네 점 $(0,0), (a,c), (a+b, c+d), (b,d)$

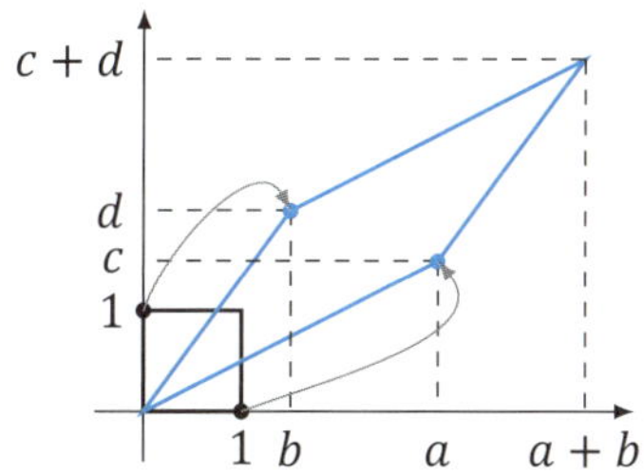

$$\begin{bmatrix} a \\ c \end{bmatrix} = \begin{bmatrix} a & b \\ c & d \end{bmatrix}\begin{bmatrix} 1 \\ 0 \end{bmatrix}$$

$$\begin{bmatrix} b \\ d \end{bmatrix} = \begin{bmatrix} a & b \\ c & d \end{bmatrix}\begin{bmatrix} 0 \\ 1 \end{bmatrix}$$

그림 2.1 정사각형이 평행사변형으로 옮겨진다.

를 꼭지점으로 하는 평행사변형이 된다. 만약 f의 역사상이 존재한다면, f는 1-1이고 onto이므로 평행사변형의 넓이가 0이 아니지만, f가 1-1이 아니라면 f에 의해 만들어진 네 점은 실제로는 일직선 위에 있게 되어 평행사변형을 이루지 못한다. 역으로 $(0,0), (1,0), (1,1), (0,1)$을 f로 옮긴 네 점이 일직선 위에 있다면 f는 1-1이 될 수 없다. (why?)

실제로 행렬 $\begin{bmatrix} a & b \\ c & d \end{bmatrix}$로 나타나는 변환은 넓이 1인 정사각형을 넓이가 $\left|\det\begin{bmatrix} a & b \\ c & d \end{bmatrix}\right| = |ad - bc|$인 평행사변형으로 옮긴다. (그림 2.1)

같은 식으로 3차 정사각행렬 $\begin{bmatrix} a_{11} & a_{12} & a_{13} \\ a_{21} & a_{22} & a_{23} \\ a_{31} & a_{32} & a_{33} \end{bmatrix}$으로 나타나는 변환은 부피가 1인 정육면체를 부피가

$$|a_{11}a_{22}a_{33} + a_{12}a_{23}a_{31} + a_{13}a_{21}a_{32} - a_{31}a_{22}a_{13} - a_{32}a_{23}a_{11} - a_{33}a_{21}a_{12}|$$

인 평행육면체로 옮긴다.

일반적으로 n차 정사각행렬 A에서 각각의 열을 $\mathbf{v}_1, \mathbf{v}_2, \ldots, \mathbf{v}_n$이라 하자. 즉,

$$\mathrm{A} = \begin{bmatrix} a_{11} & a_{12} & \cdots & a_{1n} \\ a_{21} & a_{22} & \cdots & a_{2n} \\ \vdots & \vdots & \ddots & \vdots \\ a_{n1} & a_{n2} & \cdots & a_{nn} \end{bmatrix}, \quad \mathbf{v}_1 = \begin{bmatrix} a_{11} \\ a_{21} \\ \vdots \\ a_{n1} \end{bmatrix}, \mathbf{v}_2 = \begin{bmatrix} a_{12} \\ a_{22} \\ \vdots \\ a_{n2} \end{bmatrix}, \ldots, \mathbf{v}_n = \begin{bmatrix} a_{1n} \\ a_{2n} \\ \vdots \\ a_{nn} \end{bmatrix}$$

이라 하면, A의 역행렬이 존재한다는 것은 원점과 점 $\mathbf{v}_i$들을 꼭지점으로 하는 n차원 평행면체(parallelepiped)의 부피가 0이 아니라는 것과 동치가 된다.

평면에서 평행사변형의 넓이를 생각하면, 한 변의 길이가 2배로 늘어나면 전체 넓이도 2배가 된다. 또, 두 변의 길이가 각각 $a_1 \pm a_2$, b

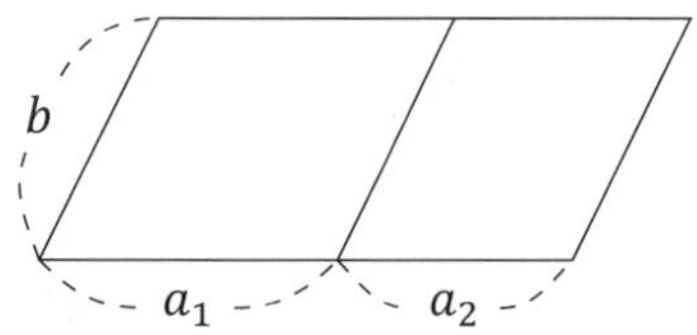

그림 2.2 평행사변형의 넓이를 구하는 것과 마찬가지

인 평행사변형의 넓이는, 두 변의 길이가 각각 a_1, b인 평행사변형과 두 변의 길이가 a_2, b인 평행사변형의 넓이의 합(또는 차)과 같다. (그림 2.2) 만약 평행사변형의 넓이에 부호를 붙여서 생각한다면, $a_1 - a_2 < 0$인 경우도 자연스럽게 생각할 수 있다. 이런 관점에서 행렬의 행렬식은 "부호 있는 넓이", 더 일반적으로는 "부호 있는 부피(signed volume)" 처럼 생각할 수 있다.

지수법칙을 확장하여 음의 지수를 생각하는 것과 비슷하다.

한편, 2차 정사각행렬 $\begin{bmatrix} a & b \\ c & d \end{bmatrix}$와 $\begin{bmatrix} b & a \\ d & c \end{bmatrix}$는 같은 평행사변형을 만들지만 행렬식의 값은 부호가 서로 다르다. 두 점을 배열하는 순서에 따라 부호가 달라지므로 행렬식의 값이 양수가 되도록 점을 배열하는 순서를 정할 필요가 있다.

그림 2.3에서 보듯 행렬 $\begin{bmatrix} b & a \\ d & c \end{bmatrix}$는 정사각형을 뒤집어서 보낸다고 할 수 있다. 따라서 이 뒤집어진 평행사변형의 (부호 있는) 넓이는 0보다 작다고 하는 것이 자연스럽다.

수학에서 양의 방향은 거의 모두 반시계 방향

2차 정사각행렬의 두 열벡터가 원점을 중심으로 하여 반시계 방향으로 배열되는 경우에 평행사변형이 뒤집어지지 않으므로 행렬식의 값은 양수가 된다.

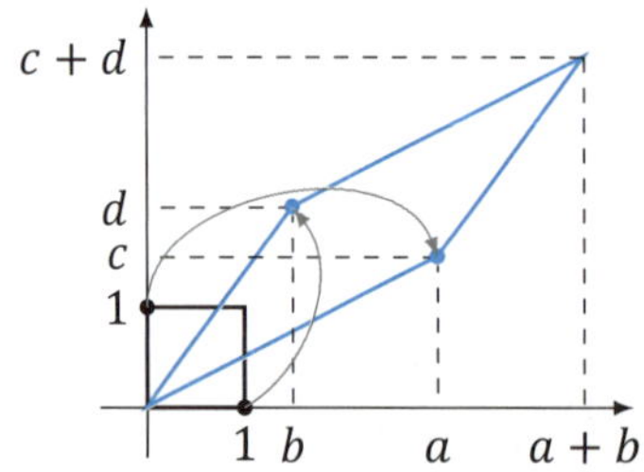

$$\begin{bmatrix} b \\ d \end{bmatrix} = \begin{bmatrix} b & a \\ d & c \end{bmatrix}\begin{bmatrix} 1 \\ 0 \end{bmatrix}$$

$$\begin{bmatrix} a \\ c \end{bmatrix} = \begin{bmatrix} b & a \\ d & c \end{bmatrix}\begin{bmatrix} 0 \\ 1 \end{bmatrix}$$

그림 2.3 정사각형이 뒤집어진 평행사변형으로 옮겨진다.

3차 정사각행렬의 경우에도 세 열벡터가 이루는 평행육면체는 같지만 세 열벡터를 배열하는 순서에 따라 행렬식의 부호가 달라진다. 세 열벡터가 (오른손 좌표계에서) 오른손 손가락 순서로 배열된 경우에 행렬식의 값은 양수가 된다.

이상의 관찰로부터 행렬 A의 행렬식 $\det A$는 다음과 같은 성질을 갖는 함수 $\det : \mathrm{Mat}_n(\mathbb{R}) \to \mathbb{R}$로 정의된다.

1. $\det(\mathbf{v}_1, \dots, \mathbf{v}_i + \mathbf{w}_i, \dots, \mathbf{v}_n) = \det(\mathbf{v}_1, \dots, \mathbf{v}_i, \dots, \mathbf{v}_n) + \det(\mathbf{v}_1, \dots, \mathbf{w}_i, \dots, \mathbf{v}_n)$
2. $\det(\mathbf{v}_1, \dots, k\mathbf{v}_i, \dots, \mathbf{v}_n) = k \det(\mathbf{v}_1, \dots, \mathbf{v}_i, \dots, \mathbf{v}_n)$
3. $\mathbf{v}_i = \mathbf{v}_j$이면 $\det(\mathbf{v}_1, \dots, \mathbf{v}_i, \dots, \mathbf{v}_j, \dots, \mathbf{v}_n) = 0$
4. $\det \mathrm{I}_n = 1$

$\det \begin{bmatrix} \mathbf{v}_1 & \mathbf{v}_2 & \cdots & \mathbf{v}_n \end{bmatrix}$

여기서, $\mathbf{v}_i + \mathbf{w}_i$는 성분끼리 더하는 것으로 생각하고, $k\mathbf{v}_i$는 $\mathbf{v}_i$의 모든 성분을 k배 한 것으로 생각한다.

행렬식의 값만큼 부피가 변한다는 것을 생각하면, 다음이 성립함을 짐작할 수 있다.

정리 2.1

두 n차 정사각행렬 A와 B에 대하여 다음이 성립한다.

$$\det(\mathrm{AB}) = \det \mathrm{A} \det \mathrm{B}$$

Proof 잠깐 생략. ■

따름정리 2.2

가역인 정사각행렬 A에 대하여 다음이 성립한다.

$$\det(\mathrm{A}^{-1}) = \frac{1}{\det \mathrm{A}}$$

이로부터, 정사각행렬 A가 가역이면 $\det \mathrm{A} \neq 0$임을 알 수 있다.

Proof $\mathrm{AA}^{-1} = \mathrm{I}$이므로 $\det(\mathrm{A})\det(\mathrm{A}^{-1}) = \det \mathrm{I} = 1$. ■

연습문제 2.1 n차 정사각행렬 A에 대하여, $\det(k\mathrm{A}) = k^n \det \mathrm{A}$임을 보여라.

닮음비 $1 : k$이면
넓이 비 $1 : k^2$,
부피 비 $1 : k^3$,
⋮

연습문제 2.2 정사각행렬 A의 한 열의 성분이 모두 0일 때, $\det A = 0$ 임을 보여라.

연습문제 2.3 정사각행렬 A의 두 열을 맞바꾸면 행렬식의 부호가 바뀜을 보여라. 즉,

$$\det(\mathbf{v}_1, \dots, \mathbf{v}_i, \dots, \mathbf{v}_j, \dots, \mathbf{v}_n) = -\det(\mathbf{v}_1, \dots, \mathbf{v}_j, \dots, \mathbf{v}_i, \dots, \mathbf{v}_n)$$

임을 보여라.

연습문제 2.4 정사각행렬 A의 한 열을 상수배하여 다른 열에 더하여도 행렬식은 변하지 않음을 보여라. 즉,

$$\det(\mathbf{v}_1, \dots, \mathbf{v}_i, \dots, \mathbf{v}_j + k\mathbf{v}_i, \dots, \mathbf{v}_n) = \det(\mathbf{v}_1, \dots, \mathbf{v}_i, \dots, \mathbf{v}_j, \dots, \mathbf{v}_n)$$

임을 보여라.

연습문제 2.5 대각 성분 아래쪽이 모두 0인 행렬을 상삼각행렬(upper triangular matrix)이라 한다. 다음 상삼각행렬의 행렬식은 $d_1 d_2 d_3 \cdots d_n$ 임을 보여라.

행렬식을 구하려고 대각성분만 남길 필요는 없다는 뜻

$$\begin{bmatrix} d_1 & * & * & \cdots & * \\ 0 & d_2 & * & \cdots & * \\ 0 & 0 & d_3 & \cdots & * \\ \vdots & \vdots & \vdots & \ddots & * \\ 0 & 0 & 0 & \cdots & d_n \end{bmatrix}$$

연습문제 2.6 기본열연산을 이용하여 다음 행렬의 행렬식을 구하여라.

A_3 라는 이름이 따로 붙어 있을 정도로 중요한 행렬이다.

$$\begin{bmatrix} 2 & -1 & 0 \\ -1 & 2 & -1 \\ 0 & -1 & 2 \end{bmatrix}$$

이제 정리 2.1을 증명해 보자.

Sketch of proof (정리 2.1)

1. $\det A = 0$ 이라면 A는 가역 행렬이 아니고 A가 나타내는 사상은 1-1이 아니다. 따라서 AB도 1-1이 될 수 없다. 그러므로 $\det(AB) = 0$ 이 된다.

2. $\det B = 0$ 인 경우도 마찬가지.
3. A와 B가 모두 가역이라면, 두 행렬 모두 기본 행렬의 곱으로 나타낼 수 있다. $A = E_r E_{r-1} \cdots E_{s+1}$ 이고 $B = E_s E_{s-1} \cdots E_1$ 이라 하면,

$$AB = E_r \cdots E_{s+1} E_s \cdots E_1$$

로 나타낼 수 있다. 기본 행렬을 오른쪽에 곱하는 것은 기본열연산과 같으므로, 행렬식의 정의에 의해

$$\begin{aligned}\det(E_r \cdots E_{s+1} E_s \cdots E_1) &= \det(E_r \cdots E_{s+1} E_s \cdots E_2) \det E_1 \\ &= \cdots \\ &= \det E_r \cdots \det E_{s+1} \det E_s \cdots \det E_1 \\ &= \det(E_r \cdots E_{s+1}) \det(E_s \cdots E_1)\end{aligned}$$

$\det E_1$ 을 분리해내는 것은 직접 계산하여 보인다. 따라서 이 부분은 순환논법이 아니다.

이 된다. 따라서 $\det(AB) = \det A \det B$ 가 성립한다. ■

2.3 행렬식을 구하는 여러 가지 방법

3차 정사각행렬에 대한 행렬식을 보면, $a_{\underline{1}\underline{1}} a_{\underline{2}\underline{2}} a_{\underline{3}\underline{3}}$ 에서 밑줄 친 1, 2, 3 의 순서를 바꾸어서 가능한 모든 경우 $(3! = 6)$ 를 구한 다음 적당히 부호를 바꾸어 더한 것과 같다. 이때 부호는 1, 2, 3 의 순서를 바꾸는 방법에 따라 달라진다. 일반적으로 $1, 2, \dots, n$ 의 순서를 바꾸는 것을 1-1 함수 $\sigma : \{1, 2, \dots, n\} \to \{1, 2, \dots, n\}$ 로 생각할 수 있으며 **치환(permutation)**이라 하고, 이 치환들의 집합을 S_n 으로 나타낸다. 모든 치환은 두 원소를 맞바꾸는 치환인 **호환(transposition)**들의 합성으로 나타낼 수 있다. 이때 호환의 개수는 달라질 수 있어도 그 개수의 홀짝은 변하지 않는다. 만약 치환 σ 를 짝수 개의 호환으로 나타낼 수 있으면 $\text{sgn}(\sigma) = 1$ 로 정의하고, 홀수 개의 호환으로 나타낼 수 있으면 $\text{sgn}(\sigma) = -1$ 로 정의한다.

치환 = 자리바꿈
호환 = 맞바꿈

보기 2.1

$$\begin{aligned}&(1 \mapsto 2, 2 \mapsto 3, 3 \mapsto 4, 4 \mapsto 1) \\ &= (1 \mapsto 4, 2 \mapsto 2, 3 \mapsto 3, 4 \mapsto 1) \circ (1 \mapsto 3, 2 \mapsto 2, 3 \mapsto 1, 4 \mapsto 4) \circ (1 \mapsto 2, 2 \mapsto 1, 3 \mapsto 3, 4 \mapsto 4) \\ &= (1 \mapsto 2, 2 \mapsto 1, 3 \mapsto 3, 4 \mapsto 4) \circ (1 \mapsto 1, 2 \mapsto 4, 3 \mapsto 3, 4 \mapsto 2) \circ (1 \mapsto 1, 2 \mapsto 3, 3 \mapsto 2, 4 \mapsto 4)\end{aligned}$$

$$\text{sgn}(1 \mapsto 2, 2 \mapsto 3, 3 \mapsto 4, 4 \mapsto 1) = -1$$

◇

치환의 부호 sgn(σ)를 이용하면 행렬식은 다음과 같이 나타낼 수 있다. 이것을 라이프니츠(Leibniz)의 공식이라 한다.

실제 계산에 쓰기는 어려운 공식

정리 2.3

$$\det A = \sum_{\sigma \in S_n} \operatorname{sgn}(\sigma) \prod_{i=1}^{n} a_{i,\sigma(i)}$$

Proof 이 공식이 앞서 열벡터들에 대하여 정의하였던 행렬식의 조건을 만족한다는 것을 보이면 되나 너무 길고 지루한 증명이므로 생략. ■

행렬 $A = [a_{ij}]$의 행과 열을 바꾼 행렬을 A의 **전치행렬(轉置行列, transpose matrix)**이라 하고, A^T로 나타낸다. 라이프니츠의 공식을 이용하면, $\det A = \det(A^T)$가 성립한다.

$$\det \begin{bmatrix} a_{11} & a_{12} & \cdots & a_{1n} \\ a_{21} & a_{22} & \cdots & a_{2n} \\ \vdots & \vdots & \ddots & \vdots \\ a_{n1} & a_{n2} & \cdots & a_{nn} \end{bmatrix} = \det \begin{bmatrix} a_{11} & a_{21} & \cdots & a_{n1} \\ a_{12} & a_{22} & \cdots & a_{n2} \\ \vdots & \vdots & \ddots & \vdots \\ a_{1n} & a_{2n} & \cdots & a_{nn} \end{bmatrix}$$

n차 정사각행렬 A에서 i행과 j열을 제외한 나머지 성분으로 이루어진 $(n-1)$차 정사각행렬의 행렬식을 **소행렬식(minor)**이라 하며 M_{ij}로 나타낸다.

$$M_{ij} = \det \begin{bmatrix} a_{11} & \cdots & a_{1,j-1} & a_{1,j+1} & \cdots & a_{1n} \\ \vdots & \ddots & \vdots & \vdots & \ddots & \vdots \\ a_{i-1,1} & \cdots & a_{i-1,j-1} & a_{i-1,j+1} & \cdots & a_{i-1,n} \\ a_{i+1,1} & \cdots & a_{i+1,j-1} & a_{i+1,j+1} & \cdots & a_{i+1,n} \\ \vdots & \ddots & \vdots & \vdots & \ddots & \vdots \\ a_{n1} & \cdots & a_{n,j-1} & a_{n,j+1} & \cdots & a_{nn} \end{bmatrix}$$

$$\begin{bmatrix} + & - & + & \cdots \\ - & + & - & \cdots \\ \vdots & \vdots & \vdots & \ddots \end{bmatrix}$$

소행렬식 M_{ij}에 $(-1)^{i+j}$를 곱한 값을 **여인수(餘因數, cofactor)**라 하며 C_{ij}로 나타낸다. 이때 행렬 A의 행렬식은 다음과 같이 나타낼 수 있다. 이것을 라플라스(Laplace)의 공식, 또는 여인수 전개(cofactor expansion)라 한다.

정리 2.4

$$\det A = \sum_{j=1}^{n} a_{ij}C_{ij} = \sum_{j=1}^{n} a_{ij}(-1)^{i+j}M_{ij}$$

비교적 실용적인 공식

Proof 소행렬식을 전개해 보면 라이프니츠 공식과 같음을 확인할 수 있다. ■

사실 라플라스의 공식은 라이프니츠의 공식을 알기 쉽게 바꾼 것뿐이다. 그렇지만 이러한 표현은 새로운 통찰을 가능하게 한다. 예를 들어, 1행에 대한 전개식

$$a_{11}C_{11} + a_{12}C_{12} + a_{13}C_{13} + \cdots + a_{1n}C_{1n}$$

에서 1행에 대한 여인자를 2행에 대한 여인자로 바꾼

$$a_{11}C_{21} + a_{12}C_{22} + a_{13}C_{23} + \cdots + a_{1n}C_{2n}$$

의 값이 얼마가 될지 생각해 보자.

이 식은 다음 행렬의 행렬식을 2행에 대해 여인수 전개한 것과 같다.

$$\begin{bmatrix} a_{11} & a_{12} & a_{13} & \cdots & a_{1n} \\ a_{11} & a_{12} & a_{13} & \cdots & a_{1n} \\ a_{31} & a_{32} & a_{33} & \cdots & a_{3n} \\ \vdots & \vdots & \vdots & \ddots & \vdots \\ a_{n1} & a_{n2} & a_{n3} & \cdots & a_{nn} \end{bmatrix}$$

1행과 2행이 같으므로 이 행렬식은 (계산 안 해 봐도) 0이 될 수밖에 없다. 따라서

$$a_{11}C_{21} + a_{12}C_{22} + a_{13}C_{23} + \cdots + a_{1n}C_{2n} = 0$$

이 된다. 이렇게 생각하면,

$$a_{i1}C_{j1} + a_{i2}C_{j2} + a_{i3}C_{j3} + \cdots + a_{in}C_{jn} = \begin{cases} \det A & (i = j\text{일 때}) \\ 0 & (i \neq j\text{일 때}) \end{cases}$$

이므로,

$$\begin{bmatrix} a_{11} & a_{12} & \cdots & a_{1n} \\ a_{21} & a_{22} & \cdots & a_{2n} \\ \vdots & \vdots & \ddots & \vdots \\ a_{n1} & a_{n2} & \cdots & a_{nn} \end{bmatrix} \begin{bmatrix} C_{11} & C_{21} & \cdots & C_{n1} \\ C_{12} & C_{22} & \cdots & C_{n2} \\ \vdots & \vdots & \ddots & \vdots \\ C_{1n} & C_{2n} & \cdots & C_{nn} \end{bmatrix} = \begin{bmatrix} \det A & 0 & \cdots & 0 \\ 0 & \det A & \cdots & 0 \\ \vdots & \vdots & \ddots & \vdots \\ 0 & 0 & \cdots & \det A \end{bmatrix}$$

가 된다. 행렬 A의 여인수 C_{ij}로 만들어지는 행렬

C_{ij}의 첨자에 주의!

$$\begin{bmatrix} C_{11} & C_{21} & \cdots & C_{n1} \\ C_{12} & C_{22} & \cdots & C_{n2} \\ \vdots & \vdots & \ddots & \vdots \\ C_{1n} & C_{2n} & \cdots & C_{nn} \end{bmatrix}$$

adjugate는 ad-와 (con)jugate를 합성하여 만든 신조어

을 "따라오는 행렬"이라는 뜻에서 (고전적) 수반행렬(隨伴行列, adjugate matrix, classical adjoint matrix)이라 하고 adj A로 나타낸다. 위 식을 다시 쓰면

$$A(\text{adj}\, A) = (\text{adj}\, A)A = (\det A)I$$

이므로, 행렬 A의 역행렬을 (알고리듬이 아니라) 하나의 수식으로 나타낼 수 있다. 즉, $\det A \neq 0$이기만 하면, 다음이 성립한다.

$$A^{-1} = \frac{1}{\det A} \text{adj}\, A$$

위의 사실로부터 $\det A \neq 0$이면 A는 가역임을 알 수 있다. 이를 이용하여 정리 1.1을 증명할 수 있다.

Proof (정리 1.1) 두 정사각행렬 A와 B의 곱이 I가 되면,

$$\det(AB) = \det A \det B = \det I = 1$$

로부터 $\det B \neq 0$이다. 따라서 B는 가역이므로 B^{-1}가 존재한다.

이제 AB = I의 양변에서 앞쪽에 B를 곱하고 뒤쪽에 B^{-1}을 곱하면

$$B(AB)B^{-1} = BIB^{-1}$$

이고, 등식을 정리하면 BA = I를 얻는다. ■

$\det A = 0$인 경우는 머리를 조금 써야 한다.

연습문제 2.7 행렬 A가 n차 정사각행렬일 때, det(adj A)를 det A에 대한 식으로 나타내어라.

역시 $\det A = 0$인 경우가 문제

연습문제 2.8 행렬 A가 n차 정사각행렬일 때, adj(adj A)를 간단히 나타내어라.

수반행렬과 비슷한 착상으로 다음의 결과를 얻을 수 있다.

정리 2.5 (크라머의 공식)

연립일차방정식

$$\begin{bmatrix} a_{11} & a_{12} & \cdots & a_{1n} \\ a_{21} & a_{22} & \cdots & a_{2n} \\ \vdots & \vdots & \ddots & \vdots \\ a_{n1} & a_{n2} & \cdots & a_{nn} \end{bmatrix} \begin{bmatrix} x_1 \\ x_2 \\ \vdots \\ x_n \end{bmatrix} = \begin{bmatrix} b_1 \\ b_2 \\ \vdots \\ b_n \end{bmatrix}$$

에서 $\mathrm{A} = [a_{ij}]$이고 $\det \mathrm{A} \neq 0$이라 하면, x_i는 다음과 같이 주어진다.

$$x_i = \frac{1}{\det \mathrm{A}} \det \begin{bmatrix} a_{11} & a_{12} & \cdots & a_{1,i-1} & b_1 & a_{1,i+1} & \cdots & a_{1n} \\ a_{21} & a_{22} & \cdots & a_{2,i-1} & b_2 & a_{2,i+1} & \cdots & a_{2n} \\ \vdots & \vdots & \ddots & \vdots & \vdots & \vdots & \ddots & \vdots \\ a_{n1} & a_{n2} & \cdots & a_{n,i-1} & b_n & a_{n,i+1} & \cdots & a_{nn} \end{bmatrix}$$

크라머(Gabriel Cramer, 1704~1752): 스위스의 수학자

계산량이 지나치게 많아 방정식을 푸는 효율적인 방법은 아니다.

Sketch of proofs 세 가지 방식으로 증명하여 보자. 이해하기 쉽게 $n = 3$인 경우만 증명한다.

1학년의 증명 : 해가 존재하고 유일하다는 것이 분명하므로, 주어진 방정식의 x_i에 직접 대입해서 그 결과가 우변이 되는지만 확인하면 된다. 편의상 첫 번째 방정식

$$a_{11}x_1 + a_{12}x_2 + a_{13}x_3 = b_1$$

만 증명하자. x_i를 방정식에 대입하여 정리하면,

$$a_{11} \det \begin{bmatrix} b_1 & a_{12} & a_{13} \\ b_2 & a_{22} & a_{23} \\ b_3 & a_{32} & a_{33} \end{bmatrix} + a_{12} \det \begin{bmatrix} a_{11} & b_1 & a_{13} \\ a_{21} & b_2 & a_{23} \\ a_{31} & b_3 & a_{33} \end{bmatrix} + a_{13} \det \begin{bmatrix} a_{11} & a_{12} & b_1 \\ a_{21} & a_{22} & b_2 \\ a_{31} & a_{32} & b_3 \end{bmatrix}$$
$$= b_1 \det \mathrm{A}$$

를 증명하면 된다. 좌변의 행렬식을 여인수 전개한 다음 다시 정리하면,

$$\begin{aligned} &a_{11}b_1\mathrm{C}_{11} + a_{11}b_2\mathrm{C}_{21} + a_{11}b_3\mathrm{C}_{31} \\ &\quad + a_{12}b_1\mathrm{C}_{12} + a_{12}b_2\mathrm{C}_{22} + a_{12}b_3\mathrm{C}_{32} \\ &\qquad + a_{13}b_1\mathrm{C}_{13} + a_{13}b_2\mathrm{C}_{23} + a_{13}b_3\mathrm{C}_{33} \end{aligned}$$

이고, 이 식을 b_i에 대하여 정리하면

$$b_1(a_{11}C_{11} + a_{12}C_{12} + a_{13}C_{13})$$
$$+ b_2(a_{11}C_{21} + a_{12}C_{22} + a_{13}C_{23})$$
$$+ b_3(a_{11}C_{31} + a_{12}C_{32} + a_{13}C_{33})$$
$$= b_1 \det A + b_2 \times 0 + b_3 \times 0$$

이므로 증명 끝.

2학년의 증명: 첫 번째 방식은 계산이 너무 복잡하다. 이번에는 역행렬을 이용하여 직접 x_i를 구하여 보자. 편의상 x_1만 구한다.

$$\begin{bmatrix} x_1 \\ x_2 \\ x_3 \end{bmatrix} = A^{-1}\begin{bmatrix} b_1 \\ b_2 \\ b_3 \end{bmatrix} = \frac{1}{\det A}\operatorname{adj} A \begin{bmatrix} b_1 \\ b_2 \\ b_3 \end{bmatrix} = \frac{1}{\det A}\begin{bmatrix} C_{11} & C_{21} & C_{31} \\ C_{12} & C_{22} & C_{32} \\ C_{13} & C_{23} & C_{33} \end{bmatrix}\begin{bmatrix} b_1 \\ b_2 \\ b_3 \end{bmatrix}$$

이므로,

$$x_1 = \frac{1}{\det A}(b_1C_{11} + b_2C_{21} + b_3C_{31})$$

이 된다. 한편,

$$\det\begin{bmatrix} b_1 & a_{12} & a_{13} \\ b_2 & a_{22} & a_{23} \\ b_3 & a_{32} & a_{33} \end{bmatrix} = b_1C_{11} + b_2C_{21} + b_3C_{31}$$

이므로 증명 끝.

학년이 올라갈수록 점점 더 게을러진다.

3학년의 증명: 두 번째 증명은 꽤 세련된 증명이지만, 행렬식 계산을 거의 하지 않고 증명할 수도 있다. 정리의 x_i에 대한 등식이 성립하는지만 확인하면 되므로, b_i에 $a_{i1}x_1 + a_{i2}x_2 + a_{i3}x_3$을 대입하여 본다. 역시 x_1에 대해서만 생각한다.

$$\det\begin{bmatrix} b_1 & a_{12} & a_{13} \\ b_2 & a_{22} & a_{23} \\ b_3 & a_{32} & a_{33} \end{bmatrix} = \det\begin{bmatrix} a_{11}x_1 + a_{12}x_2 + a_{13}x_3 & a_{12} & a_{13} \\ a_{21}x_1 + a_{22}x_2 + a_{23}x_3 & a_{22} & a_{23} \\ a_{31}x_1 + a_{32}x_2 + a_{33}x_3 & a_{32} & a_{33} \end{bmatrix}$$

$$= \det\begin{bmatrix} a_{11}x_1 & a_{12} & a_{13} \\ a_{21}x_1 & a_{22} & a_{23} \\ a_{31}x_1 & a_{32} & a_{33} \end{bmatrix} + \det\begin{bmatrix} a_{12}x_2 & a_{12} & a_{13} \\ a_{22}x_2 & a_{22} & a_{23} \\ a_{32}x_2 & a_{32} & a_{33} \end{bmatrix} + \det\begin{bmatrix} a_{13}x_3 & a_{12} & a_{13} \\ a_{23}x_3 & a_{22} & a_{23} \\ a_{33}x_3 & a_{32} & a_{33} \end{bmatrix}$$

4학년은 팔짱을 낀 채 "이래서 행렬식을 계산할 줄 아는 것보다 그 성질을 이해하는 것이 더 중요하다." 라고 말한다.

$$= x_1\det\begin{bmatrix} a_{11} & a_{12} & a_{13} \\ a_{21} & a_{22} & a_{23} \\ a_{31} & a_{32} & a_{33} \end{bmatrix} + x_2\det\begin{bmatrix} a_{12} & a_{12} & a_{13} \\ a_{22} & a_{22} & a_{23} \\ a_{32} & a_{32} & a_{33} \end{bmatrix} + x_3\det\begin{bmatrix} a_{13} & a_{12} & a_{13} \\ a_{23} & a_{22} & a_{23} \\ a_{33} & a_{32} & a_{33} \end{bmatrix}$$

$$= x_1 \det A + x_2 \times 0 + x_3 \times 0$$

이므로 증명 끝. ■

행렬식의 성질과 라플라스 전개식을 이용하면 다음과 같은 행렬식을 구할 수 있다.

정리 2.6 (방데르몽드 행렬)

$$\det\begin{bmatrix} 1 & x_1 & x_1^2 & x_1^3 & \cdots & x_1^{n-1} \\ 1 & x_2 & x_2^2 & x_2^3 & \cdots & x_2^{n-1} \\ \vdots & \vdots & \vdots & \vdots & \ddots & \vdots \\ 1 & x_n & x_n^2 & x_n^3 & \cdots & x_n^{n-1} \end{bmatrix} = \prod_{1\le i<j\le n}(x_j - x_i)$$

Sketch of proof 일일이 전개해서 계산하는 방식으로는 위의 결과를 얻기 어렵다. 다음 세 단계에 따라 증명한다.

1. $x_j = x_i$ 일 때 두 행이 같아지므로, 행렬식은 $x_j - x_i$ 꼴을 인수로 가진다.
2. 라플라스 공식으로 구한 행렬식이 $\frac{n(n-1)}{2}$ 차 동차다항식이 되므로, 이 행렬의 행렬식은 $(x_j - x_i)^2$ 을 인수로 갖지 않는다.
3. 행렬식을 계산하면 $x_2 x_3^2 x_4^3 \cdots x_{n-1}^{n-2} x_n^{n-1}$ 의 계수는 1이다. ■

2.4 야코비 행렬식*

행렬식의 기하적 성질은 다중 적분에서 변수를 치환할 때도 사용된다. 예를 들어, 가우스 적분 $\mathrm{I} = \int_{-\infty}^{\infty} e^{-x^2}dx$ 의 값을 구하여 보자.

I^2 을 다음과 같이 나타낼 수 있다.

$$\mathrm{I}^2 = \left(\int_{-\infty}^{\infty} e^{-x^2}dx\right)\left(\int_{-\infty}^{\infty} e^{-y^2}dy\right) = \int_{-\infty}^{\infty}\int_{-\infty}^{\infty} e^{-(x^2+y^2)}dxdy$$

극좌표계로 변환하기 위해 $x = r\cos\theta, y = r\sin\theta$ 로 치환하면,

$$dx = \frac{\partial x}{\partial r}dr + \frac{\partial x}{\partial \theta}d\theta, \qquad dy = \frac{\partial y}{\partial r}dr + \frac{\partial y}{\partial \theta}d\theta$$

이므로,

$$\begin{bmatrix} dx \\ dy \end{bmatrix} = \begin{bmatrix} \frac{\partial x}{\partial r} & \frac{\partial x}{\partial \theta} \\ \frac{\partial y}{\partial r} & \frac{\partial y}{\partial \theta} \end{bmatrix}\begin{bmatrix} dr \\ d\theta \end{bmatrix} = \begin{bmatrix} \cos\theta & -r\sin\theta \\ \sin\theta & r\cos\theta \end{bmatrix}\begin{bmatrix} dr \\ d\theta \end{bmatrix}$$

이다.

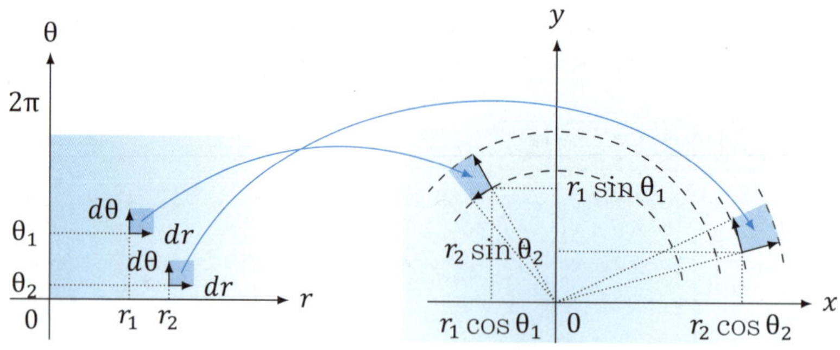

그림 2.4 극좌표계의 벡터를 직교좌표계의 벡터로 보낸다.

야코비 행렬 $\mathrm{J} = \left[\frac{\partial(x,y)}{\partial(r,\theta)}\right]$의 의미는 5.7절 참조

야코비 행렬(Jacobian matrix) $\mathrm{J} = \left[\frac{\partial(x,y)}{\partial(r,\theta)}\right]$의 행렬식이 r이므로 넓이요소 $dxdy$와 $drd\theta$ 사이의 관계는

$$dxdy = \det\begin{bmatrix}\cos\theta & -r\sin\theta \\ \sin\theta & r\cos\theta\end{bmatrix} drd\theta = r\,drd\theta$$

이고,

$$\mathrm{I}^2 = \int_0^{2\pi}\int_0^{\infty} e^{-r^2} r\,drd\theta$$

로 바꿀 수 있다. 적분을 계산하면

$$\mathrm{I}^2 = \int_0^{2\pi}\left[-\frac{1}{2}e^{-r^2}\right]_0^{\infty} d\theta = \int_0^{2\pi}\frac{1}{2}d\theta = \pi$$

정규분포에서 $\int_{-\infty}^{\infty}\frac{1}{\sigma\sqrt{2\pi}}e^{-\frac{(x-\mu)^2}{2\sigma^2}}dx = 1$인 이유

이므로

$$\mathrm{I} = \int_{-\infty}^{\infty} e^{-x^2}dx = \sqrt{\pi}$$

이다.

셋째 날

Around Linear Algebra In 8 Days

벡터공간

그라스만(Grassmann)의 착상 :
"벡터를 추상화할 수 없을까?"

3.1 물리학적 벡터

벡터의 개념은 16세기 물리학자들의 연구에서 비롯되었다. 당시 물리학자들은 물체의 운동을 묘사하기 위해 방향과 크기를 가진 속도(velocity) 개념을 다루면서, 두 속도의 합성을 생각하였다. 방향이 같은 속도의 합성은 단순히 그 크기(속력, speed)를 더하면 되지만, 방향이 다른 두 속도를 합성하는 것은 난제 가운데 하나였다.

대체로 '-度'는 스칼라, '-力'은 벡터로 생각하므로 속도와 속력은 뒤바뀐 번역어인 셈이다.

이 문제를 해결한 사람은 스테빈(Stevin)과 갈릴레이(Galilei)로, 그림 3.1과 같은 방법으로 두 벡터의 합성을 설명하였다. 그러나 이 방법은 뉴턴(Newton)의 저서 《프린키피아(Principia)》에서 비로소 명확하게 서술되었다.

보기 3.1

- 가속도(acceleration): **a**

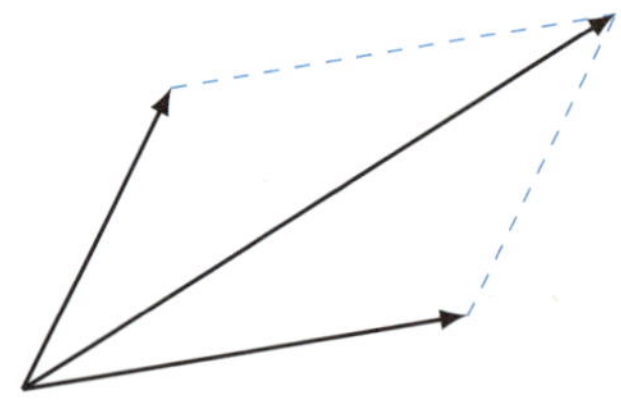

그림 3.1 두 벡터를 합성하는 방법

- 힘 (force): $\mathbf{F} = m\mathbf{a}$
- 돌림힘 (torque): $\mathbf{r} \times \mathbf{F}$
- 회전력 (curl): $\nabla \times \mathbf{F}$ ◇

기호 ×의 의미는 나중에 다룬다.

3.2 수학적 벡터

수학에서 방향과 크기를 가진 양으로서 벡터를 다루게 된 것은 복소수에 대한 연구에서 비롯되었다. 복소수를 2차원 공간의 한 점으로 생각할 수 있다는 아이디어는 노르웨이의 베셀 (Wessel) 에서 비롯되어, 가우스를 비롯한 수많은 수학자들에 의해 크게 발전하였다. 이후 복소수를 확장하여, 3차원 공간의 한 점을 나타내는 새로운 수체계인 사원수 (四元數, quaternion) 를 구성하는 데 성공한 수학자는 아일랜드의 해밀턴 (Hamilton) 이었다. 이후 그라스만 (Grassmann), 페아노 (Peano) 등에 의해 추상적인 벡터공간 (vector space) 의 개념이 도입되었다.

'vector' 라는 용어를 만든 사람도 해밀턴이다.

좌표공간을 이용하면, 벡터는 실수의 순서열 (tuple) 로 생각할 수 있다. 즉, n개의 실수를 나열한

$$(a_1, a_2, \dots, a_n)$$

을 하나의 벡터로 취급한다. 이러한 벡터들의 집합은 $\mathbb{R}^n$이 되고, n개의 좌표축이 필요하다는 뜻에서 n차원 실 (벡터) 공간이라 한다. 이때 두 벡터의 합성은

$$(a_1, a_2, \dots, a_n) + (b_1, b_2, \dots, b_n) := (a_1 + b_1, a_2 + b_2, \dots, a_n + b_n)$$

으로 정의할 수 있다.

정의에서 알 수 있듯, 이 합성을 '합' 으로 부르는 것이 자연스럽다.

3.3 추상화

그라스만의 아이디어는 좌표축을 생각하지 않는 방식으로 벡터를 추상화하는 것이었다. 실제로 물리학적 벡터를 다룰 때, 아무렇게나 좌표축을 잡을 수 있는 데서 볼 수 있듯이, 벡터는 좌표축과 무관한 개념이다. 벡터의 크기와 방향은 좌표축과 상관없이 벡터 자체의 본질적(intrinsic)인 성질이며, 순서열을 이용하여 나타내는 좌표는 좌표축의 설정에 따른 비본질적(extrinsic)인 성질이다. 벡터를 가장 단순한 수준까지 추상화하려면 벡터가 가진 본질적인 성질을 파악해야 한다.

예를 들어, 벡터의 "방향"을 생각해 보면, 이 우주에 유일한 절대 좌표가 있지 않은 한, 방향이 무엇인지 정의하기가 쉽지 않다는 사실을 알 수 있다. 좌표가 주어져 있다면 성분을 적당히 이용하여 방향을 설명할 수 있지만, 다른 좌표를 사용하면 그 표현이 완전히 달라지므로, 이런 식의 정의는 본질적이지 않다.

이처럼 방향이 무엇인지를 정의하는 것은 어렵지만, 두 벡터의 방향이 같다는 것은 한 벡터의 길이를 적당히 늘여 다른 벡터와 일치하게 만들 수 있는 것으로 간단히 정의할 수 있다. 이런 점에서 벡터를 실수배하는 것은 벡터의 크기와 방향을 추상화하는 중요한 개념이라 할 수 있다.

이러한 관찰로부터, 벡터를 추상화하기 위해서는 다음 두 가지 연산이 가장 중요하다는 결론을 내릴 수 있다.

페아노의 아이디어 (1888년)

1. 두 벡터의 합
2. 벡터의 실수배

물리학적인 벡터의 예에서도 알 수 있듯, 두 벡터의 합을 자유롭게 다룰 수 있으려면 다음 몇 가지 성질이 성립하여야 한다.

- 교환법칙: $\mathbf{v}_1 + \mathbf{v}_2 = \mathbf{v}_2 + \mathbf{v}_1$
- 결합법칙: $(\mathbf{v}_1 + \mathbf{v}_2) + \mathbf{v}_3 = \mathbf{v}_1 + (\mathbf{v}_2 + \mathbf{v}_3)$
- 항등원: $\mathbf{v} + \mathbf{0} = \mathbf{0} + \mathbf{v} = \mathbf{v}$가 되는 벡터 $\mathbf{0}$이 존재
- 역원: $\mathbf{v} + \mathbf{v}' = \mathbf{v}' + \mathbf{v} = \mathbf{0}$가 되는 벡터 $\mathbf{v}'$이 존재

괄호 없이 $\mathbf{v}_1 + \mathbf{v}_2 + \mathbf{v}_3$으로 쓸 수 있다.

영벡터는 숫자 0과 다르므로 굵게 표시

덧셈의 역원인 역벡터(inverse vector)는 실수의 덧셈에 대한 역원을 흉내내어 $-\mathbf{v}$로 나타내고, 이를 이용하여 벡터의 뺄셈을 다음과 같이

정의한다.

$$\mathbf{v} - \mathbf{w} := \mathbf{v} + (-\mathbf{w})$$

벡터의 실수배가 잘 정의되려면 다음 성질이 성립해야 한다.

$k\ell = \ell k$는 실수의 성질에 의해 원래 성립

- 실수 k, ℓ에 대하여 $k(\ell\mathbf{v}) = (k\ell)\mathbf{v} = \ell(k\mathbf{v})$
- $1\mathbf{v} = \mathbf{v}$

한편 벡터에 대한 두 연산은 서로 조화를 이루어야 한다.

- 분배법칙 : $k(\mathbf{v}_1 + \mathbf{v}_2) = k\mathbf{v}_1 + k\mathbf{v}_2$, $(k + \ell)\mathbf{v} = k\mathbf{v} + \ell\mathbf{v}$

두 벡터 $\mathbf{v}$와 $\mathbf{w}$의 방향이 같다는 것은 두 벡터가 하나의 직선 위에 있다는 뜻이므로,

$$k\mathbf{v} = \mathbf{w}$$

가 되는 적당한 실수 $k \in \mathbb{R}$가 존재하는 것으로 생각할 수 있다. k가 유리수인 경우는 벡터의 합을 이용하여 $k\mathbf{v}$를 정의할 수 있지만, k가 무리수인 경우는 따로 생각할 수밖에 없으므로, 벡터의 실수배는 벡터를 추상화하는 데 필수적인 연산이다.

어떤 집합의 원소들에 대해, 위의 성질을 만족하는 연산이 존재할 때, 그 집합을 **벡터공간**(vector space) 또는 **선형공간**(linear space)이라 하고, 그 원소를 벡터라 정의한다. 이것은 벡터를 구체적으로 정의한 다음 그 모임으로 벡터공간을 정의하는 보통의 관점을 뒤집은 것이다. 어떤 대상을 직접 정의하는 대신, 그 대상에 대해 성립해야 하는 연산을 통하여 거꾸로 대상을 정의하는 것은 혁명적인 관점 전환이라 할 수 있다. 한편 이 정의는 벡터의 크기를 정의하지 않는다는 점에서 "크기와 방향을 가진 양"이라는 고전적 의미의 벡터를 더 추상화한 것으로 생각할 수 있다.

편의상 벡터공간의 정의를 다시 한번 정리해 둔다.

집합 V의 원소에 대하여 정의되는 덧셈 연산과 실수배 연산이 다음 조건을 만족할 때, V를 벡터공간(선형공간)이라 하고, V의 원소를 벡터라 한다.

1. 덧셈의 교환법칙 : $\mathbf{v}_1 + \mathbf{v}_2 = \mathbf{v}_2 + \mathbf{v}_1$
2. 덧셈의 결합법칙 : $(\mathbf{v}_1 + \mathbf{v}_2) + \mathbf{v}_3 = \mathbf{v}_1 + (\mathbf{v}_2 + \mathbf{v}_3)$
3. 덧셈의 항등원 : $\mathbf{v} + \mathbf{0} = \mathbf{0} + \mathbf{v} = \mathbf{v}$가 되는 벡터 $\mathbf{0}$가 존재

4. 덧셈의 역원: $\mathbf{v}+\mathbf{v}'=\mathbf{v}'+\mathbf{v}=\mathbf{0}$가 되는 벡터 $\mathbf{v}'$가 존재
5. 실수 k,ℓ에 대하여 $k(\ell\mathbf{v})=(k\ell)\mathbf{v}=\ell(k\mathbf{v})$
6. $1\mathbf{v}=\mathbf{v}$
7. 분배법칙: $k(\mathbf{v}_1+\mathbf{v}_2)=k\mathbf{v}_1+k\mathbf{v}_2$, $(k+\ell)\mathbf{v}=k\mathbf{v}+\ell\mathbf{v}$

연습문제 3.1 벡터 $\mathbf{v}$에 대하여, $0\mathbf{v}=\mathbf{0}$임을 보여라.

$(0+0)\mathbf{v}=0\mathbf{v}$를 이용

연습문제 3.2 벡터 $\mathbf{v}$에 대하여, $-\mathbf{v}=(-1)\mathbf{v}$임을 보여라.

$(-1)\mathbf{v}$가 $\mathbf{v}$의 역벡터라는 뜻.

연습문제 3.3 벡터공간의 부분집합이 벡터공간 구조를 가질 때, 그 부분집합을 **부분공간(subspace)**이라 한다. 두 집합 U와 W가 벡터공간 V의 부분공간일 때 $\mathrm{U}\cap\mathrm{W}$는 벡터공간임을 보여라.

$\mathbb{R}^n$이 아닌 벡터공간의 예로 행렬의 집합 $\mathrm{Mat}_{m\times n}(\mathbb{R})$를 들 수 있다. 두 행렬 $\mathrm{A}=[a_{ij}],\mathrm{B}=[b_{ij}]\in\mathrm{Mat}_{m\times n}(\mathbb{R})$와 실수 $k\in\mathbb{R}$에 대하여,

$$\mathrm{A}+\mathrm{B}:=\begin{bmatrix} a_{11}+b_{11} & a_{12}+b_{12} & \cdots & a_{1n}+b_{1n} \\ \vdots & \vdots & \ddots & \vdots \\ a_{m1}+b_{m1} & a_{m2}+b_{m2} & \cdots & a_{mn}+b_{mn} \end{bmatrix},$$

다른 장과 달리 이 장에서는 행렬이 크게 중요하지 않다.

$$k\mathrm{A}:=\begin{bmatrix} ka_{11} & ka_{12} & \cdots & ka_{1n} \\ \vdots & \vdots & \ddots & \vdots \\ ka_{m1} & ka_{m2} & \cdots & ka_{mn} \end{bmatrix}$$

로 정의하면, $\mathrm{Mat}_{m\times n}(\mathbb{R})$는 벡터공간이 된다. 이것은 고전적인 의미의 "크기"나 "방향"을 생각하기 어려운 대표적인 예이다.

또 다른 중요한 벡터공간의 예로 함수의 집합을 들 수 있다. 다음 집합

$$\mathscr{F}=\{f\mid f:\mathbb{R}\to\mathbb{R}\}$$

는 위의 모든 조건을 만족하므로 벡터공간이 되고, 함수 하나하나는 벡터가 된다. 여기서 두 벡터의 합과 실수배는 다음과 같이 정의된다.

$f,g\in\mathscr{F}$에 대하여 $f+g: x\mapsto f(x)+g(x)$,
$k\in\mathbb{R}, f\in\mathscr{F}$에 대하여 $kf: x\mapsto kf(x)$

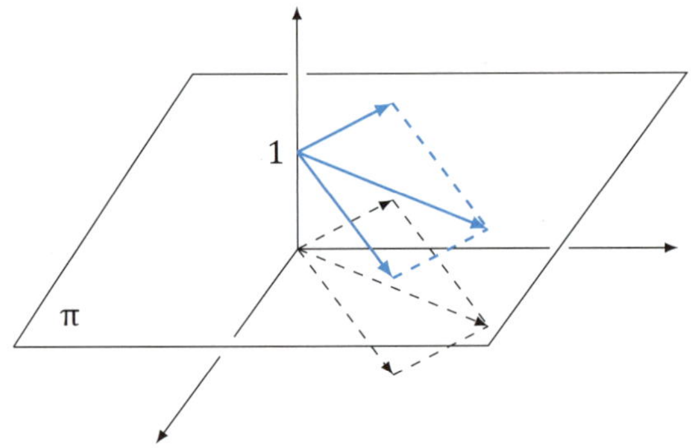

그림 3.2 평면 π가 벡터공간이 되는 연산

연속함수의 집합이나 미분가능한 함수의 집합 또한 $\mathbb{R}^n$과 다른 벡터공간이다.

벡터공간의 정의에서 덧셈과 실수배를 구체적으로 정하지 않았으므로, 벡터공간에 대한 위의 조건만 만족한다면, 두 연산은 어떻게 정해도 상관없다. 예를 들어, $\mathbb{R}^3$에서 xy-평면은 성분별로 더하고 곱하는 보통의 덧셈과 실수배에 대해 벡터공간이 되고, z축 성분이 1인 점들의 집합

$$\pi = \{(x, y, 1) \in \mathbb{R}^3 \mid x, y \in \mathbb{R}\}$$

평면 π 위의 벡터를 xy-평면으로 내린 다음, 보통의 연산을 하고 다시 π로 올린다.

는 벡터공간이 되지 않는다. 이제 벡터의 덧셈과 실수배를 다음과 같이 정의하자.

$$(a_1, a_2, a_3) + (b_1, b_2, b_3) := (a_1 + b_1, a_2 + b_2, a_3 + b_3 - 1)$$
$$k(a_1, a_2, a_3) := (ka_1, ka_2, ka_3 - k + 1)$$

접평면이 벡터공간이 되는 이유

이 새로운 연산에 대해 xy-평면은 벡터공간이 되지 않지만, 평면 π는 벡터공간이 된다. (그림 3.2)

3.4 유클리드 공간

벡터가 "크기"와 "방향"을 가지는 양이라는 고전적인 관점에서 생각하면, 추상화된 벡터공간은 벡터의 "크기"를 고려하지 않고 있다. 대표적인 벡터공간인 $\mathbb{R}^n$에 다음과 같은 방식으로 벡터의 크기 $\|\mathbf{v}\|$를 정의한 것을 특별히 유클리드 공간(Euclidean space)이라 한다. 즉, 유클리드 공간이란 $\mathbb{R}^n$에 길이를 재기 위한 "자"를 더한 것이라 할 수 있다.

$\mathbb{E}^n$으로 나타내기도 한다.

$$\mathbf{v} = (v_1, v_2, \dots, v_n) \in \mathbb{R}^n \text{ 에 대하여} \quad \|\mathbf{v}\| := \sqrt{v_1^2 + v_2^2 + \cdots + v_n^2}$$

벡터의 크기 $\|\mathbf{v}\|$를 벡터 $\mathbf{v}$의 놈(norm)이라 한다. 벡터를 일반화하면 더 이상 "크기"나 "길이"라고 하기 어렵기 때문에 새로이 도입하는 용어라 할 수 있다. (3.5절 참조)

원래는 독일어여서 "노름"이라 부르기도 하지만 어감이 안 좋기는 마찬가지.

앞서 정의한 놈 $\|\mathbf{v}\|$을 가지는 벡터공간을 유클리드 공간이라 하는 것은, 이것이 우리에게 익숙한 유클리드 기하가 성립하는 공간이기 때문이다. 즉, 이 정의를 이용하면, 두 점 사이의 거리나 선분의 길이를 자연스럽게 잴 수 있기 때문이다. 유클리드 공간에서 두 점

$$\mathrm{A} = (a_1, a_2, \dots, a_n),\ \mathrm{B} = (b_1, b_2, \dots, b_n) \in \mathbb{R}^n$$

사이의 거리 $d(\mathrm{A}, \mathrm{B})$는 다음과 같이 정의한다.

$$\begin{aligned} d(\mathrm{A}, \mathrm{B}) &:= \|\mathrm{A} - \mathrm{B}\| \\ &= \|(a_1 - b_1, a_2 - b_2, \dots, a_n - b_n)\| \\ &= \sqrt{(a_1 - b_1)^2 + (a_2 - b_2)^2 + \cdots + (a_n - b_n)^2} \end{aligned}$$

$\mathbb{R}^n$ 에서는 점이 곧 벡터이다.

유클리드 기하에서 측정의 대상이 되는 것은 길이 외에도 각의 크기가 있다. 삼각형에서 코사인 법칙(그림 3.3)을 생각하면 길이를 이용하여 각의 크기를 잴 수 있다. 두 벡터

$$\mathbf{v} = (v_1, v_2, \dots, v_n),\ \mathbf{w} = (w_1, w_2, \dots, w_n) \in \mathbb{R}^n$$

에 대하여 두 벡터가 이루는 각을 θ라 하면

$$\begin{aligned} \cos\theta &= \frac{\|\mathbf{v}\|^2 + \|\mathbf{w}\|^2 - \|\mathbf{v} - \mathbf{w}\|^2}{2\|\mathbf{v}\|\|\mathbf{w}\|} \\ &= \frac{v_1 w_1 + v_2 w_2 + \cdots + v_n w_n}{\|\mathbf{v}\|\|\mathbf{w}\|} \end{aligned}$$

이 된다.

벡터를 방향이 있는 선분으로 생각하여, 두 선분 사이의 각을 두 벡터가 이루는 각으로 생각한다.

두 벡터 $\mathbf{v}$와 $\mathbf{w}$에 대하여, 위의 마지막 식에서 분자에 해당하는 값을 두 벡터의 **내적**(內積, inner product), 특히 **표준내적**(standard inner product)이라 하고 $\mathbf{v} \cdot \mathbf{w}$ 또는 $\langle \mathbf{v}, \mathbf{w} \rangle$로 나타낸다. 이 책에서는 표준내적을 $\mathbf{v} \cdot \mathbf{w}$로 나타내기로 한다.

스칼라(scalar) 곱이라고도 한다.

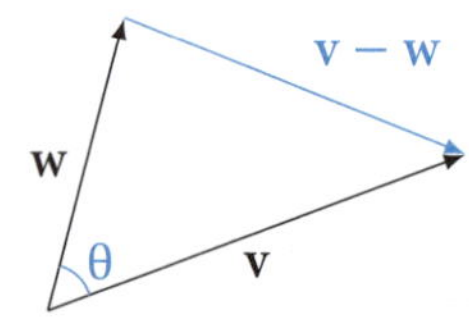

$$\|\mathbf{v}-\mathbf{w}\|^2 = \|\mathbf{v}\|^2 + \|\mathbf{w}\|^2 - 2\|\mathbf{v}\|\|\mathbf{w}\|\cos\theta$$

그림 3.3 코사인 법칙

$\mathbf{v}\cdot\mathbf{w} = \|\mathbf{v}\|\|\mathbf{w}\|\cos\theta$

$$\begin{aligned}\mathbf{v}\cdot\mathbf{w} &:= \sum_{k=1}^{n} v_k w_k \\ &= v_1w_1 + v_2w_2 + \cdots + v_nw_n\end{aligned}$$

$\mathbb{R}^n$의 한 점 $\mathbf{v} = (v_1, v_2, \dots, v_n)$과 $n\times 1$ 행렬 $\begin{bmatrix} v_1 & v_2 & \cdots & v_n\end{bmatrix}^{\mathrm{T}}$를 같은 것으로 생각하므로, 두 벡터의 내적을 다음과 같이 행렬의 곱으로 나타낼 수도 있다.

$\mathbf{v}^{\mathrm{T}} = \begin{bmatrix} v_1\ v_2 \cdots v_n\end{bmatrix}$
$\mathbf{w}^{\mathrm{T}} = \begin{bmatrix} w_1\ w_2 \cdots w_n\end{bmatrix}$

$$\mathbf{v}\cdot\mathbf{w} = \mathbf{v}^{\mathrm{T}}\mathbf{w} = \mathbf{w}^{\mathrm{T}}\mathbf{v}$$

벡터의 내적을 이용하여 놈을 정의할 수도 있고, 반대로 벡터의 놈을 이용하여 내적을 정의할 수도 있다.

$$\begin{aligned}\|\mathbf{v}\| &= \sqrt{\mathbf{v}\cdot\mathbf{v}}, \\ \mathbf{v}\cdot\mathbf{w} &= \frac{1}{2}\left(\|\mathbf{v}\|^2 + \|\mathbf{w}\|^2 - \|\mathbf{v}-\mathbf{w}\|^2\right) \\ &= \frac{1}{2}\left(\|\mathbf{v}+\mathbf{w}\|^2 - \|\mathbf{v}\|^2 - \|\mathbf{w}\|^2\right)\end{aligned}$$

내적의 중요한 용도 가운데 하나는 두 벡터가 서로 수직인지 아닌지를 판정하는 것이다. 즉, $\mathbf{v}\cdot\mathbf{w} = 0$이면 $\mathbf{v}$와 $\mathbf{w}$는 서로 수직이다. 이 사실을 뒤집어, $\mathbb{R}^n$이 아닌 벡터공간에서도 (일반적인) 내적이 정의되어 있기만 하면, 내적이 0이 되는 두 벡터는 직교하는 것으로 정의한다. 이 정의에 따르면, 영벡터 $\mathbf{0}$은 모든 벡터와 수직이다.

$\mathrm{v}\perp\mathrm{w} \Leftrightarrow \langle \mathrm{v},\mathrm{w}\rangle = 0$

3.5 내적공간

內的공간이 아니라 內積공간

표준내적이 정의되어 있는 유클리드 공간 $\mathbb{R}^n$을 일반화하여 “내적이 정의되어 있는 벡터공간”, 줄여서 내적공간(inner product space)을 생각할 수 있다. 벡터공간 V에 대하여, 내적은 다음과 같은 성질을 갖는 함수

$$\langle\cdot,\cdot\rangle : \mathrm{V}\times\mathrm{V}\to\mathbb{R}$$

라 할 수 있다.

- $\langle \mathbf{x}, \mathbf{y} \rangle = \langle \mathbf{y}, \mathbf{x} \rangle$
- $\langle \mathbf{x}_1 + \mathbf{x}_2, \mathbf{y} \rangle = \langle \mathbf{x}_1, \mathbf{y} \rangle + \langle \mathbf{x}_2, \mathbf{y} \rangle$, $\langle a\mathbf{x}, \mathbf{y} \rangle = a\langle \mathbf{x}, \mathbf{y} \rangle$
  $\langle \mathbf{x}, \mathbf{y}_1 + \mathbf{y}_2 \rangle = \langle \mathbf{x}, \mathbf{y}_1 \rangle + \langle \mathbf{x}, \mathbf{y}_2 \rangle$, $\langle \mathbf{x}, a\mathbf{y} \rangle = a\langle \mathbf{x}, \mathbf{y} \rangle$
- $\mathbf{x} \neq \mathbf{0}$ 일 때 $\langle \mathbf{x}, \mathbf{x} \rangle > 0$

보기 3.2 실벡터공간 $\mathbb{R}^2$ 의 임의의 두 벡터 $\mathbf{x} = (x_1, x_2)$ 와 $\mathbf{y} = (y_1, y_2)$ 에 대하여

$$\langle \mathbf{x}, \mathbf{y} \rangle := \mathbf{x}^{\mathrm{T}} \begin{bmatrix} 1 & 0 \\ 0 & 2 \end{bmatrix} \mathbf{y} = x_1 y_1 + 2x_2 y_2$$

라 하면, 이 정의는 내적의 조건을 모두 만족한다. 이 공간에서 벡터의 놈은

$$\|\mathbf{x}\| = \sqrt{\langle \mathbf{x}, \mathbf{x} \rangle} = \sqrt{x_1^2 + 2x_2^2}$$

이 된다. ◇

같은 $\mathbb{R}^2$ 공간이지만 "자"가 달라졌으므로, 이 내적공간의 기하학은 유클리드 기하와 다르다.

유클리드 공간이 아닌 내적공간의 예로 유계 폐구간 $[a, b]$ 에서 정의되는 연속함수들의 집합 $C[a, b]$ 를 들 수 있다. 이때 두 벡터(=함수)의 내적은 다음과 같이 적분을 이용하여 정의된다.

$$\langle f, g \rangle := \int_a^b f(x)g(x)dx$$

$\mathbf{v} \cdot \mathbf{w} = \sum_{k=1}^{n} v_k w_k$ 를 무한으로 확장한 셈

이 내적의 정의를 이용하면 벡터(=함수)의 놈(norm)도 정의할 수 있다. 이 경우에도 함수의 "크기"나 함수의 "길이"와 같은 용어는 어색하다.

$$\|f\| := \sqrt{\langle f, f \rangle} = \sqrt{\int_a^b (f(x))^2 \, dx}$$

연습문제 3.4 m 과 n 이 서로 다른 자연수일 때, 구간 $[-\pi, \pi]$ 에서 정의된 두 함수 $f(x) = \sin mx$ 와 $g(x) = \sin nx$ 는 직교함을 보여라.

$\langle f, g \rangle = 0$ 을 보여라.

앞의 연습문제를 이용하여 $\sum_{n=1}^{\infty} \frac{1}{n^2} = \frac{\pi^2}{6}$ 을 구할 수 있다. (4.6절)

연습문제 3.5 (코시-부냐코프스키-슈바르츠 부등식) 임의의 두 벡터 $\mathbf{v}$ 와 $\mathbf{w}$ 에 대하여 다음 부등식이 성립함을 보여라.

$$\langle \mathbf{v}, \mathbf{w} \rangle \leq \|\mathbf{v}\| \, \|\mathbf{w}\|$$

$\|\mathbf{v} + t\mathbf{w}\|^2 \geq 0$ 을 이용

$\mathbb{R}^2$ 에서는 $(ac + bd)^2 \leq (a^2 + b^2)(c^2 + d^2)$

3.6 외적*

철근 하나를 손으로 들어올리는 것은 불가능하지 않지만, 철근의 한쪽 끝만 잡고 들어올리는 것은 불가능하다. 철근을 그냥 들어올릴 때는 그 무게를 이겨낼 정도의 힘만 있으면 되지만, 철근의 한쪽 끝을 잡고 들어올릴 때는 손끝을 회전축으로 회전하려는 철근 전체를 버텨야 하기 때문이다. 이와 같이 회전하는 정도를 돌림힘(torque)이라 하며, 이것은 무게가 무거울수록, 또 회전축에서 거리가 멀수록 더욱 커진다. 따라서 돌림힘의 크기는 회전축까지의 거리와 작용하는 힘의 크기를 곱한 것으로 생각할 수 있다.

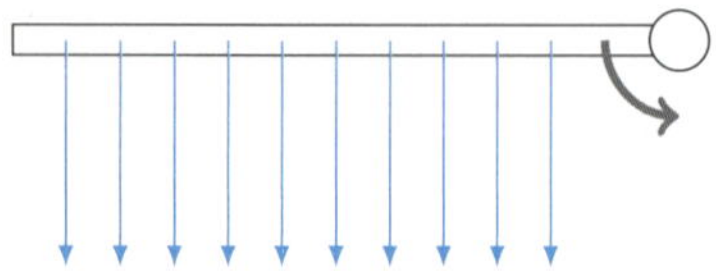

그림 3.4 돌림힘의 원리

힘(force)이 벡터인 것처럼, 돌림힘(torque) 또한 벡터로 생각할 수 있다. 예를 들어, 철근을 그냥 들어올릴 때는 누구나 철근의 한가운데에서 들게 되는데, 이것은 양쪽으로 작용하는 돌림힘이 각각을 상쇄한다는 사실을 직관적으로 알고 있기 때문이다. 같은 크기의 돌림힘이 작용하는데도 각각을 상쇄한다는 것은, 놈이 같으면서 방향이 반대인 두 벡터를 더한 결과가 **0**이 된다는 것과 같다.

돌림힘의 방향을 작용하는 힘과 같은 방향으로 정하거나 철근이 가리키는 방향으로 정하면 어느 쪽도 철근의 한가운데를 들 때 철근이 더 이상 회전하지 않는 이유를 설명하지 못한다. 두 가지 방향이 모두 돌림힘의 방향으로 적절하지 못하므로, 두 방향을 포함하는 평면에 있는 어떤 방향의 벡터도 돌림힘의 방향이 될 수 없다. 따라서 돌림힘의 방향이 될 수 있는 것은 적절하지 못했던 두 방향 모두에 수직인 방향뿐이다. 이것은 돌림힘이 작용하는 회전축의 방향과 같으므로, 어떤 의미에서는 자연스러운 생각이다.

이게 물리책이야 수학책이야.

한편, 회전축이 나타내는 방향은 두 가지가 있고, 둘 중 어느 쪽을 택하든 돌림힘을 잘 설명할 수 있지만, 한쪽을 표준으로 정할 필요가 있다. 우리 주변에서 무언가를 돌리는 조작을 가장 쉽게 볼 수 있는 것은 나사이고, 표준적인 나사는 시계 방향으로 돌릴 때 못이 있는 쪽으로 나아간다. 돌림힘의 방향도 이것을 따라 결정한다. 철근의 한 가운데를 드는 예를 생각하면, 오른쪽 부분은 돌림힘의 방향을 사람의 앞면으로 정하고, 왼쪽 부분은 돌림힘의 방향을 사람의 뒷면으로 정한다.

돌림힘의 크기를 정할 때도 주의할 점이 있다. 그림 3.5에서처럼 한쪽 끝이 고정된 막대기를 밀 때, 힘이 작용하는 방향이 막대기와 수직이 되지 않는다면, 실제로 철근의 돌림힘을 일으키는 힘은 원래의 힘보다 작아진다.

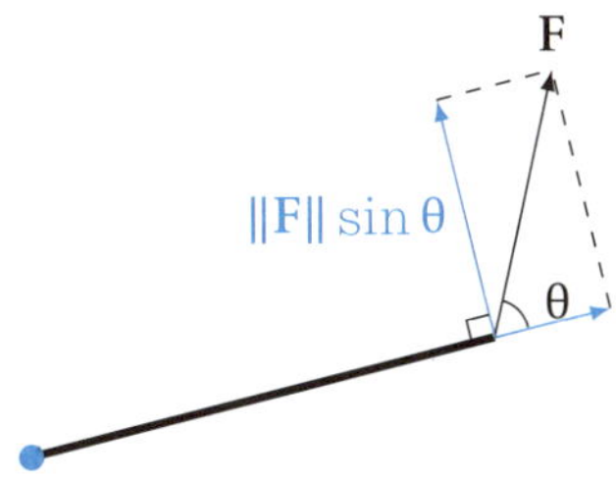

그림 3.5 제대로 밀지 않으면 헛수고

돌림힘이 작용하는 지점 또한 하나의 벡터로 생각할 수 있으므로, 이를 $\mathbf{r}$로 나타내면, 이상의 관찰로부터 두 벡터 $\mathbf{r}$와 $\mathbf{F}$로 만들어지는 돌림힘을 두 벡터에 대한 일종의 연산으로 생각할 수 있다. 이것을 **외적**(外積, cross product)이라 부르고, $\mathbf{r} \times \mathbf{F}$로 나타낸다.

outer product는 다른 의미로 쓰는 경우가 많다.

일반적인 벡터 $\mathbf{v}$와 $\mathbf{w}$에 대한 외적은, 두 벡터 사이의 각이 θ일 때, $\mathbf{v} \times \mathbf{w}$의 크기는 $\|\mathbf{v}\|\|\mathbf{w}\| \sin\theta$로 하고 방향은 $\mathbf{v}$와 $\mathbf{w}$ 모두에 수직인 두 방향 가운데 $\mathbf{v}$에서 $\mathbf{w}$로 나사를 감을 때 진행하는 방향을 택한다. (그림 3.6) 오른손의 주먹을 쥐어 네 손가락을 $\mathbf{v}$에서 $\mathbf{w}$를 향하여 감을 때 엄지 손가락이 가리키는 방향으로 생각할 수도 있다.

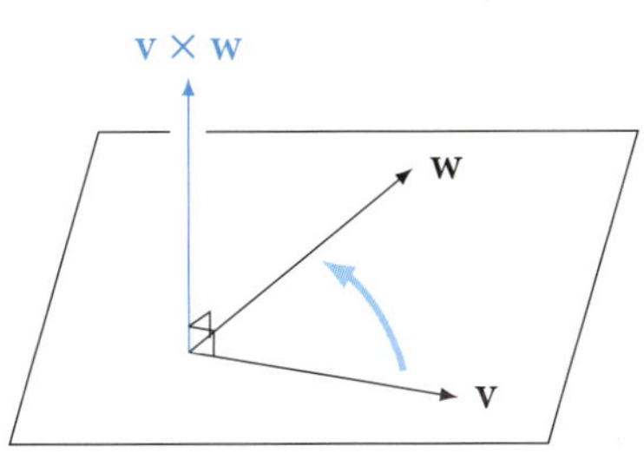

그림 3.6 $\mathbf{v} \times \mathbf{w}$의 방향

예외적으로 $\mathbb{R}^7$ 공간에서도 외적을 정의할 수 있다.

외적은 두 벡터에 대해 수직인 제3의 방향을 생각하므로 $\mathbb{R}^3$ 공간이 아닌 경우에는 외적을 정의하기가 곤란하다.

연습문제 3.6 두 벡터의 외적의 놈이 두 벡터로 만들어지는 평행사변형의 넓이와 같다는 사실을 이용하여 다음 등식이 성립함을 설명하여라.

$$\mathbf{a}\cdot(\mathbf{b}\times\mathbf{c}) = \mathbf{b}\cdot(\mathbf{c}\times\mathbf{a}) = \mathbf{c}\cdot(\mathbf{a}\times\mathbf{b}) = \det\begin{bmatrix}\mathbf{a} & \mathbf{b} & \mathbf{c}\end{bmatrix}$$

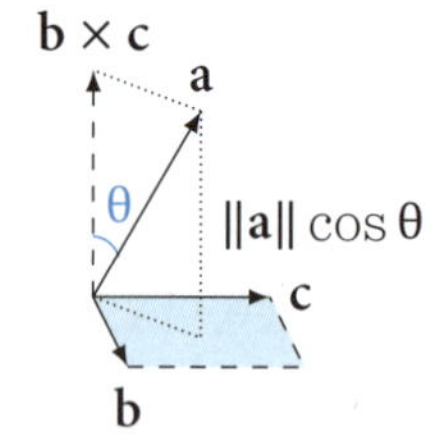

외적과 내적 모두 두 벡터에 대한 연산이지만, 그 성격은 크게 다르다. 내적의 결과는 실수가 되지만, 외적의 결과는 벡터이며, 내적은 교환법칙(commutative law)이 성립하지만, 외적의 경우

$$\mathbf{a}\times\mathbf{b} = -(\mathbf{b}\times\mathbf{a})$$

가 되어 부호가 바뀐다. 이와 같은 성질을 반교환법칙(反交換法則, anticommutative law)이라 한다.

두 벡터를 외적한 결과가 다시 벡터이므로, 세 벡터를 차례로 외적할 수 있다. 그러나 이 경우 결합법칙이 성립하지 않으므로, 연산의 순서에 주의해야 한다.

$\mathbf{e}_1\times(\mathbf{e}_1\times\mathbf{e}_2) = -\mathbf{e}_2$
$(\mathbf{e}_1\times\mathbf{e}_1)\times\mathbf{e}_2 = \mathbf{0}$

$$\mathbf{a}\times(\mathbf{b}\times\mathbf{c}) \neq (\mathbf{a}\times\mathbf{b})\times\mathbf{c}$$

다행히 벡터의 덧셈과 외적에 대한 분배법칙

$$\mathbf{a}\times(\mathbf{b}+\mathbf{c}) = \mathbf{a}\times\mathbf{b}+\mathbf{a}\times\mathbf{c}$$

이 성립하므로(why?) $\mathbf{e}_1 = (1,0,0)$, $\mathbf{e}_2 = (0,1,0)$, $\mathbf{e}_3 = (0,0,1)$라 할 때,

$$(a_1\mathbf{e}_1 + a_2\mathbf{e}_2 + a_3\mathbf{e}_3)\times(b_1\mathbf{e}_1 + b_2\mathbf{e}_2 + b_3\mathbf{e}_3)$$

$\mathbf{e}_1\times\mathbf{e}_2 = \mathbf{e}_3$
$\mathbf{e}_2\times\mathbf{e}_3 = \mathbf{e}_1$
$\mathbf{e}_3\times\mathbf{e}_1 = \mathbf{e}_2$

을 하나하나 전개하여,

$$(a_1,a_2,a_3)\times(b_1,b_2,b_3) = (a_2b_3 - a_3b_2, a_3b_1 - a_1b_3, a_1b_2 - a_2b_1)$$

을 얻을 수 있다.

행렬의 성분에 벡터를 쓸 수는 없지만 사뤼스의 공식을 이용하여 형식적으로 계산한다.

이 공식은 외우기 쉽도록 다음과 같이 나타내기도 한다.

$$(a_1,a_2,a_3)\times(b_1,b_2,b_3) = \det\begin{bmatrix}a_1 & a_2 & a_3\\ b_1 & b_2 & b_3\\ \mathbf{e}_1 & \mathbf{e}_2 & \mathbf{e}_3\end{bmatrix}$$

이와 같은 형식적 표현은 벡터장의 회전을 나타내는 curl 을 나타낼 때도 사용된다. 벡터장 $\mathrm{F} = (\mathrm{P}, \mathrm{Q}, \mathrm{R})$ 에 대하여

$$\mathrm{curl\,F} = \left(\frac{\partial \mathrm{R}}{\partial y} - \frac{\partial \mathrm{Q}}{\partial z}, \frac{\partial \mathrm{P}}{\partial z} - \frac{\partial \mathrm{R}}{\partial x}, \frac{\partial \mathrm{Q}}{\partial x} - \frac{\partial \mathrm{P}}{\partial y}\right)$$

$$\mathrm{curl\,F} = \det\begin{bmatrix} \frac{\partial}{\partial x} & \frac{\partial}{\partial y} & \frac{\partial}{\partial z} \\ \mathrm{P} & \mathrm{Q} & \mathrm{R} \\ \mathrm{e}_1 & \mathrm{e}_2 & \mathrm{e}_3 \end{bmatrix}$$

로 주어지므로, $\nabla = \left(\frac{\partial}{\partial x}, \frac{\partial}{\partial y}, \frac{\partial}{\partial z}\right)$ 라 할 때, $\mathrm{curl\,F} = \nabla \times \mathrm{F}$ 라 할 수 있다.

넷째 날

Around Linear Algebra In 8 Days

벡터공간의 기저

"일차 독립 만세!"

4.1 일차결합과 생성

실벡터공간 $\mathbb{R}^n$ 의 벡터(=점)는 n 개의 성분을 이용하여 $(a_1, a_2, \dots, a_n)$ 처럼 나타낼 수 있다. 이 표현은 벡터의 합과 실수배를 이용하여

$$(a_1, a_2, \dots, a_n) = a_1(1, 0, 0, \dots, 0, 0) + a_2(0, 1, 0, \dots, 0, 0) + \cdots + a_n(0, 0, 0, \dots, 0, 1)$$

로도 나타낼 수 있다. 이와 같이 벡터들에 벡터공간의 두 연산인 합과 실수배를 적용한 것을 그 벡터들의 **일차결합**(linear combination)이라 한다. 즉, 위의 식은 n 개의 벡터 $\mathbf{e}_1 = (1, 0, \dots, 0), \dots, \mathbf{e}_n = (0, \dots, 0, 1)$ 의 일차결합으로 $\mathbb{R}^n$ 의 모든 벡터를 나타낼 수 있음을 뜻한다. 이 때, $\mathbf{e}_1, \mathbf{e}_2, \dots, \mathbf{e}_n$ 이 $\mathbb{R}^n$ 을 **생성**(span)한다고 한다.

일반적으로 벡터 $\mathbf{v}_1, \mathbf{v}_2, \dots, \mathbf{v}_k$ 의 일차결합으로 표현되는 벡터를 모두 모은 집합을 다음과 같이 정의한다.

$$\mathrm{span}(\mathbf{v}_1, \mathbf{v}_2, \dots, \mathbf{v}_k) := \{a_1\mathbf{v}_1 + a_2\mathbf{v}_2 + \cdots + a_k\mathbf{v}_k \mid a_1, a_2, \dots, a_k \in \mathbb{R}\}$$

이 정의를 이용하면, $\mathbf{e}_1, \mathbf{e}_2, \ldots, \mathbf{e}_n$ 이 $\mathbb{R}^n$ 을 생성한다는 것은

$$\mathbb{R}^n = \mathrm{span}(\mathbf{e}_1, \mathbf{e}_2, \ldots, \mathbf{e}_n)$$

으로 나타낼 수 있다.

연습문제 4.1 두 벡터 $\mathbf{v}_1 = (1,1)$과 $\mathbf{v}_2 = (0,2)$에 대하여 $\mathrm{span}(\mathbf{v}_1, \mathbf{v}_2) = \mathbb{R}^2$ 임을 보여라. 즉, $\mathbf{v}_1$과 $\mathbf{v}_2$가 $\mathbb{R}^2$를 생성함을 보여라.

4.2 일차독립

세 벡터 $\mathbf{e}_1 = (1,0), \mathbf{e}_2 = (0,1), \mathbf{v} = (1,1)$에 대하여

$$\mathrm{span}(\mathbf{e}_1, \mathbf{e}_2, \mathbf{v}) = \mathrm{span}(\mathbf{e}_1, \mathbf{e}_2) = \mathrm{span}(\mathbf{e}_1, \mathbf{v}) = \mathrm{span}(\mathbf{e}_2, \mathbf{v}) = \mathbb{R}^2$$

이 성립한다. 여기에서 알 수 있듯이, $\mathbb{R}^2$를 생성하기 위해 세 벡터를 모두 사용할 필요는 없다. 즉, $\mathbf{e}_1$과 $\mathbf{e}_2$에 대해서는 $\mathbf{v}$가 군더더기이다. 물론, $\mathbf{e}_1$과 $\mathbf{v}$에 대해서는 $\mathbf{e}_2$가 군더더기이다.

이처럼 한 벡터($\mathbf{v}$)가 다른 벡터들($\mathbf{e}_1, \mathbf{e}_2$)에 대해 군더더기가 되는 것은, 그 벡터($\mathbf{v}$)가 다른 벡터들($\mathbf{e}_1, \mathbf{e}_2$)의 일차결합으로 표현될 수 있기 때문이다. 어떤 벡터들의 집합에서 한 벡터가 다른 벡터들의 일차결합으로 표현될 수 있을 때, 이 벡터들은 **일차종속(linearly dependent)**이라 한다. 일차종속이 아닌 경우, **일차독립(linearly independent)**이라 한다.

보기 4.1 세 벡터 $\mathbf{v}_1 = (1,1,1)$, $\mathbf{v}_2 = (0,1,1)$, $\mathbf{v}_3 = (0,0,1)$ 가운데 어느 하나도 나머지 둘의 일차결합으로 표현될 수 없으므로, 세 벡터는 일차독립이다. ◇

정리 4.1

다음 두 명제는 동치이다.

(1) 벡터 $\mathbf{v}_1, \mathbf{v}_2, \ldots, \mathbf{v}_n$은 일차독립이다.

(2) $a_1\mathbf{v}_1 + a_2\mathbf{v}_2 + \cdots + a_n\mathbf{v}_n = \mathbf{0}$이면 $a_1 = a_2 = \ldots = a_n = 0$이다.

Proof (1) ⟹ (2): 일차독립인 벡터 $\mathbf{v}_1, \mathbf{v}_1, \ldots, \mathbf{v}_n$에 대하여 $a_1\mathbf{v}_1 + a_2\mathbf{v}_2 + \cdots + a_n\mathbf{v}_n = \mathbf{0}$이라 하자.

계수 $a_1, a_2, \dots, a_n$ 가운데 a_k가 0이 아니라면,

$$\mathbf{v}_k = -\frac{a_1}{a_k}\mathbf{v}_1 - \cdots - \frac{a_{k-1}}{a_k}\mathbf{v}_{k-1} - \frac{a_{k+1}}{a_k}\mathbf{v}_{k+1} - \cdots - \frac{a_n}{a_k}\mathbf{v}_n$$

이 되므로, $\mathbf{v}_1, \mathbf{v}_2, \dots, \mathbf{v}_n$이 일차독립이라는 데 모순이다. 따라서 $a_1 = a_2 = \dots = a_n = 0$일 수밖에 없다.

(2) ⟹ (1): 대우를 생각하면 당연. ■

벡터 $\mathbf{v}_1, \mathbf{v}_2, \dots, \mathbf{v}_n$이 일차독립이라는 것은 이 벡터들의 일차결합으로 임의의 벡터 $\mathbf{v} \in \text{span}(\mathbf{v}_1, \mathbf{v}_2, \dots, \mathbf{v}_n)$을 표현하는 방법이 유일하다는 것과 마찬가지이다. (why?)

벡터공간 $\mathbb{R}^n$에서 $a_1\mathbf{v}_1 + a_2\mathbf{v}_2 + \cdots + a_m\mathbf{v}_m = \mathbf{0}$은 $\mathbf{v}_k = [v_{k1}\ v_{k2}\ \dots\ v_{kn}]^{\mathrm{T}}$라 할 때, 행렬을 이용하여 다음과 같이 나타낼 수 있다.

$$a_1\begin{bmatrix} v_{11} \\ v_{12} \\ \vdots \\ v_{1n} \end{bmatrix} + a_2\begin{bmatrix} v_{21} \\ v_{22} \\ \vdots \\ v_{2n} \end{bmatrix} + \cdots + a_m\begin{bmatrix} v_{m1} \\ v_{m2} \\ \vdots \\ v_{mn} \end{bmatrix} = \begin{bmatrix} 0 \\ 0 \\ \vdots \\ 0 \end{bmatrix}$$

행렬의 곱을 이용하면 위의 등식은 다음과 같은 연립방정식으로 생각할 수 있다.

$$\begin{bmatrix} v_{11} & v_{21} & \cdots & v_{m1} \\ v_{12} & v_{22} & \cdots & v_{m2} \\ \vdots & \vdots & \ddots & \vdots \\ v_{1n} & v_{2n} & \cdots & v_{mn} \end{bmatrix}\begin{bmatrix} a_1 \\ a_2 \\ \vdots \\ a_m \end{bmatrix} = \begin{bmatrix} 0 \\ 0 \\ \vdots \\ 0 \end{bmatrix}$$

따라서 벡터 $\mathbf{v}_1, \mathbf{v}_1, \dots, \mathbf{v}_n$이 일차독립이라는 것은 위 방정식의 해가 $a_1 = a_2 = \dots = a_n = 0$뿐이라는 뜻이 되고, 기본행연산을 이용하여 주어진 벡터들이 일차독립인지를 판정할 수 있다.

행렬 $[v_{ij}]$가 정사각행렬이면, $\det[v_{ij}] \neq 0$인지를 확인하면 된다.

연습문제 4.2 벡터 $\mathbf{v}_1 = (1,1,0)$, $\mathbf{v}_2 = (1,0,1)$, $\mathbf{v}_3 = (0,1,1)$이 일차독립인지 판정하여라.

4.3 기저

어떤 벡터공간 V의 벡터들이 일차독립이면서 V 전체를 생성하면, 이 벡터들의 집합을 벡터공간 V의 기저(基底, basis)라고 한다. 바꿔 말하면,

기저는 군더더기 없이 벡터의 합과 실수배로 벡터공간 전체를 만들어낼 수 있는 벡터들의 집합을 뜻한다.

벡터공간 $\mathbb{R}^2$의 두 벡터가 일차독립이면 두 벡터는 기저가 되므로, $\mathbb{R}^2$의 기저를 선택하는 방법은 무한히 많다. 이처럼 벡터공간의 기저를 선택하는 방법은 무한히 많지만, 그 기저의 원소의 개수는 항상 일정하다. 이 사실은 다음 정리로부터 증명된다.

정리 4.2

집합 $\mathscr{B} = \{\mathbf{v}_1, \mathbf{v}_2, \dots, \mathbf{v}_n\}$가 벡터공간 V의 기저이고, 집합 $\mathrm{S} = \{\mathbf{w}_1, \mathbf{w}_2, \dots, \mathbf{w}_k\}$가 일차독립인 벡터들의 집합이라면, $k \le n$이다.

Proof 결론을 부정하여 $k > n$이라 하자. $\mathscr{B}$가 V를 생성하므로,

$$\mathbf{w}_1 = a_1\mathbf{v}_1 + a_2\mathbf{v}_2 + \cdots + a_n\mathbf{v}_n$$

으로 나타낼 수 있다. $\mathbf{w}_1 \neq \mathbf{0}$이므로 $a_1, a_2, \dots, a_n$ 가운데 0이 아닌 것이 존재한다. $\mathbf{v}_i$의 첨자를 적당히 다시 붙여, $a_1 \neq 0$이라 하면, $\mathbf{v}_1$을 $\mathbf{w}_1, \mathbf{v}_2, \dots, \mathbf{v}_n$의 일차결합으로 나타낼 수 있다. 따라서 기저 $\mathscr{B}$에서 $\mathbf{v}_1$을 $\mathbf{w}_1$로 바꾼 집합 $\mathrm{T}_1 = \{\mathbf{w}_1, \mathbf{v}_2, \dots, \mathbf{v}_n\}$은 V의 기저가 된다.

같은 식으로 집합 T_1에서 $\mathbf{v}_2$를 $\mathbf{w}_2$로 바꾼 집합 $\mathrm{T}_2 = \{\mathbf{w}_1, \mathbf{w}_2, \dots, \mathbf{v}_n\}$ 역시 기저가 된다. 이런 식으로 차례로 $\mathbf{v}_i$를 $\mathbf{w}_i$로 바꾸면,

$$\mathrm{T}_n = \{\mathbf{w}_1, \mathbf{w}_2, \dots, \mathbf{w}_n\}$$

또한 V의 기저가 된다. 그러면 $\mathbf{w}_{n+1}$이 $\mathbf{w}_1, \mathbf{w}_2, \dots, \mathbf{w}_n$의 일차결합으로 표시되어야 하는데, 이것은 $\mathbf{w}_1, \mathbf{w}_2, \dots, \mathbf{w}_n, \mathbf{w}_{n+1}$이 일차독립이라는 데 모순이다. ■

벡터공간의 기저의 원소의 개수가 항상 일정하므로, 이것은 벡터공간의 성질을 나타내는 한 가지 특성이라 할 수 있다. 이것을 벡터공간의 **차원**(dimension)이라 하고 $\dim \mathrm{V}$로 나타낸다. 만약 유한 개의 벡터로 기저를 만들 수 없다면, 이 벡터공간의 차원은 무한으로 생각한다. 예를 들어, $\dim \mathbb{R}^n = n$이고, 실수 전체에서 정의되는 함수들의 집합 $\mathscr{F}$는 무한 차원 벡터공간이다.

$\dim \mathscr{F} = \infty$는 집합론의 기수(cardinality)를 이용하면 간단히 보일 수 있다.

연습문제 4.3 다음 벡터공간의 차원을 구하여라.

(1) 2×3 행렬들의 집합 $\mathrm{Mat}_{2\times3}(\mathbb{R})$

(2) 3차 이하의 실계수 다항식의 집합 $P_3(\mathbb{R})$

(3) 3차 정사각행렬 가운데, $A^T = A$인 행렬 A들의 집합

$$A=\begin{bmatrix} a_{11} & a_{12} & a_{13} \\ a_{12} & a_{22} & a_{23} \\ a_{13} & a_{23} & a_{33} \end{bmatrix}$$

연습문제 4.4 유한차원 벡터공간 V의 차원과 V의 부분공간 W의 차원이 같을 때 V = W임을 보여라.

4.4 직교기저

기저를 선택하는 방법이 무한히 많으므로, 필요에 따라 적절한 기저를 선택하여 사용할 수 있다. 기저를 이루는 모든 벡터들이 서로 직교하는 경우, 즉 서로 다른 어느 두 벡터의 내적도 0이 될 때, 이 기저를 **직교기저**(orthogonal basis)라 한다. 직교기저 가운데 모든 벡터들의 놈이 1일 때, 특히 **정규직교기저**(orthonormal basis)라 한다. 대표적인 정규직교기저는 유클리드 공간 $\mathbb{R}^n$의 기저

$$\mathscr{B} = \{(1, 0, \dots, 0), (0, 1, \dots, 0), \dots, (0, 0, \dots, 1)\}$$

로, 이 기저는 **표준기저**(standard basis)로 불린다.

일반적으로 모든 유한차원 내적공간에는 정규직교기저가 항상 존재한다. 그람과 슈미트는 내적공간에서 (정규)직교기저를 찾는 구체적인 알고리듬을 제시하였다.

이를 위해서는 벡터의 정사영을 먼저 알아야 한다. 다음 그림에서 벡터 $\mathbf{w}$의 끝점에서 벡터 $\mathbf{v}$에 내린 수선의 발을 H라 하면, 벡터 $\overrightarrow{OH}$를 벡터 $\mathbf{w}$의 벡터 $\mathbf{v}$에 대한 **정사영**(orthogonal projection)이라 하고 $\mathrm{proj}_{\mathbf{v}}\mathbf{w}$로 나타낸다. (그림 4.1)

벡터 $\overrightarrow{OH}$의 방향은 $\mathbf{v}$에 의해 정해지므로, 벡터 $\overrightarrow{OH}$를 결정하려면 $\|\overrightarrow{OH}\|$만 결정하면 된다. 이 값은 $\|\mathbf{w}\|\cos\theta$이므로, $\cos\theta$를 구해야 한다. 벡터의 내적을 이용하면

$$\cos\theta = \frac{\mathbf{w}\cdot\mathbf{v}}{\|\mathbf{w}\|\|\mathbf{v}\|}$$

로 표현되므로,

$$\mathrm{proj}_{\mathbf{v}}\mathbf{w} = \overrightarrow{OH} = \|\overrightarrow{OH}\|\frac{\mathbf{v}}{\|\mathbf{v}\|} = \|\mathbf{w}\|\frac{\mathbf{w}\cdot\mathbf{v}}{\|\mathbf{w}\|\|\mathbf{v}\|}\cdot\frac{\mathbf{v}}{\|\mathbf{v}\|} = \frac{\mathbf{w}\cdot\mathbf{v}}{\mathbf{v}\cdot\mathbf{v}}\mathbf{v}$$

$\|\mathbf{v}\|^2 = \mathbf{v}\cdot\mathbf{v}$

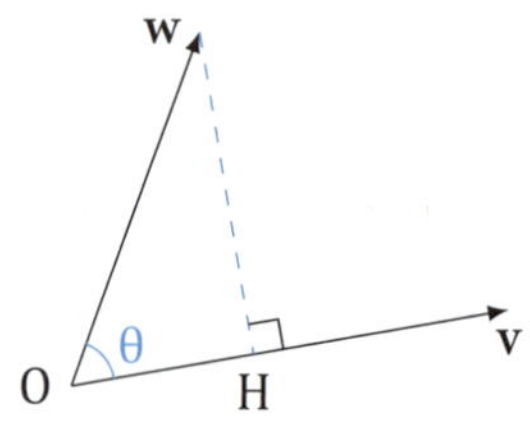

그림 4.1 정사영

가 된다.

이제 두 벡터 $\mathbf{v}$와 $\mathbf{w}$로 생성되는 평면 $\mathrm{span}(\mathbf{v}, \mathbf{w})$에 속하면서 벡터 $\mathbf{v}$에 수직인 벡터 $\mathbf{w}'$은

$$\mathbf{w}' = \mathbf{w} - \mathrm{proj}_{\mathbf{v}}\, \mathbf{w} = \mathbf{w} - \frac{\mathbf{w} \cdot \mathbf{v}}{\mathbf{v} \cdot \mathbf{v}}\mathbf{v}$$

이유는 5.1절과 5.2절에서 알 수 있다.

로 나타낼 수 있다. 유클리드 공간이 아닌 일반적인 내적공간에서도 위의 사실이 성립한다. 즉, 두 벡터의 내적 $\langle \cdot, \cdot \rangle$이 주어져 있는 내적공간에서

$$\mathrm{proj}_{\mathbf{v}}\, \mathbf{w} := \frac{\langle \mathbf{w}, \mathbf{v} \rangle}{\langle \mathbf{v}, \mathbf{v} \rangle}\mathbf{v}$$

로 정의하면,

의심스러우면 $\langle \mathbf{v}, \mathbf{w}' \rangle = 0$인지 확인하여라.

$$\mathbf{w}' = \mathbf{w} - \mathrm{proj}_{\mathbf{v}}\, \mathbf{w} = \mathbf{w} - \frac{\langle \mathbf{w}, \mathbf{v} \rangle}{\langle \mathbf{v}, \mathbf{v} \rangle}\mathbf{v}$$

는 벡터 $\mathbf{v}$와 직교한다.

위의 과정을 일반적인 n차원까지 확장한 것을 **그람-슈미트 직교화 과정**(orthogonalization)이라 한다.

정리 4.3 (그람-슈미트 과정)

그람(Jørgen Pedersen Gram, 1850~1916): 덴마크의 수학자

슈미트(Erhard Schmidt, 1876~1959): 독일의 수학자

다음 과정을 반복하면 유한 차원 내적공간 V의 직교기저 $\mathbf{v}_1, \mathbf{v}_2, \ldots, \mathbf{v}_n$를 구할 수 있다.

1. $k = 1$이라 하고, 영벡터가 아닌 벡터 $\mathbf{v}_1 \in \mathrm{V}$를 고른다.
2. $\mathrm{V} = \mathrm{span}(\mathbf{v}_1, \ldots, \mathbf{v}_k)$이면 종료.
   $\mathrm{V} \neq \mathrm{span}(\mathbf{v}_1, \ldots, \mathbf{v}_k)$이면 $\mathrm{V} - \mathrm{span}(\mathbf{v}_1, \ldots, \mathbf{v}_k)$에서 $\mathbf{w}_{k+1}$을 고른다.
3. $\mathbf{v}_{k+1} := \mathbf{w}_{k+1} - \sum_{i=1}^{k} \mathrm{proj}_{\mathbf{v}_i}\, \mathbf{w}_{k+1}$이라 하자.
4. 2단계부터 반복한다.

그림 4.2에서처럼 $\mathbf{w}_3$를 $\mathbf{v}_2$에 정사영한 벡터와 $\mathbf{w}_3 - \mathrm{proj}_{\mathbf{v}_1}\mathbf{w}_3$를 $\mathbf{v}_2$에 정사영한 벡터는 같으므로 그람-슈미트 직교화 과정은 $\mathbf{w}_3$에서 $\mathrm{proj}_{\mathbf{v}_1}\mathbf{w}_3$과 $\mathrm{proj}_{\mathbf{v}_2}\mathbf{w}_3$을 빼는 것으로 충분하다.

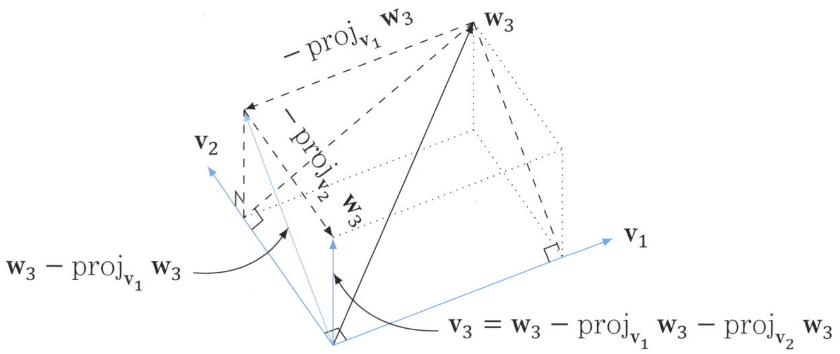

그림 4.2 직교기저를 만드는 과정

연습문제 4.5 2차 이하의 다항식의 집합 $P_2(\mathbb{R})$에서 두 다항식 f와 g의 내적을

$$\langle f, g\rangle = \int_{-1}^{1} f(x)g(x)dx$$

로 정의하면, $P_2(\mathbb{R})$는 내적공간이 된다. 이 공간의 정규직교기저를 구하여라.

$\{1, x, x^2\}$은 기저이지만 정규직교기저는 아니다.

4.5 벡터의 성분 표현

집합 $\mathscr{B} = \{\mathbf{v}_1, \mathbf{v}_2, \dots, \mathbf{v}_n\}$을 벡터공간 V의 기저라 하자. 벡터 $\mathbf{v} \in V$가

$$\mathbf{v} = a_1\mathbf{v}_1 + a_2\mathbf{v}_2 + \cdots + a_n\mathbf{v}_n$$

로 표현될 때, $[\mathbf{v}]_{\mathscr{B}} = (a_1, a_2, \dots, a_n)$을 $\mathbf{v}$의 기저 $\mathscr{B}$에 대한 **좌표 벡터**(coordinate vector) 또는 간단히 $\mathscr{B}$-표현($\mathscr{B}$-representation)이라 한다.

직교기저, 특히 정규직교기저가 유용한 것은, 주어진 벡터의 좌표 벡터를 구하는 것이 쉽기 때문이다. 만약 위의 기저 $\mathscr{B}$가 정규직교기저라면,

$$\begin{aligned}\langle \mathbf{v}, \mathbf{v}_k\rangle &= \langle a_1\mathbf{v}_1 + a_2\mathbf{v}_2 + \cdots + a_n\mathbf{v}_n, \mathbf{v}_k\rangle \\ &= \langle a_1\mathbf{v}_1, \mathbf{v}_k\rangle + \langle a_2\mathbf{v}_2, \mathbf{v}_k\rangle + \cdots + \langle a_n\mathbf{v}_n, \mathbf{v}_k\rangle\end{aligned}$$

$\langle \mathbf{v}_i, \mathbf{v}_j \rangle = \begin{cases} 1 & (i = j) \\ 0 & (i \neq j) \end{cases}$

$$= a_1\langle \mathbf{v}_1, \mathbf{v}_k \rangle + a_2\langle \mathbf{v}_2, \mathbf{v}_k \rangle + \cdots + a_n\langle \mathbf{v}_n, \mathbf{v}_k \rangle$$
$$= a_k$$

이므로,

$$[\mathbf{v}]_{\mathscr{B}} = (\langle \mathbf{v}, \mathbf{v}_1 \rangle, \langle \mathbf{v}, \mathbf{v}_2 \rangle, \ldots, \langle \mathbf{v}, \mathbf{v}_n \rangle)$$

이 된다.

좌표 벡터는 기저가 되는 벡터들의 순서에 따라 달라질 수 있으므로, 좌표 벡터를 생각할 때는 기저를 보통의 집합으로 생각하는 대신, 순서 있는 집합(ordered set)으로 생각한다.

보기 4.2 $\mathbf{e}_1 = (1,0,0), \mathbf{e}_2 = (0,1,0), \mathbf{e}_3 = (0,0,1)$이라 할 때, $\mathscr{B}_1 = \{\mathbf{e}_1, \mathbf{e}_2, \mathbf{e}_3\}$과 $\mathscr{B}_2 = \{\mathbf{e}_1, \mathbf{e}_3, \mathbf{e}_2\}$는 같은 집합으로서 둘 다 $\mathbb{R}^3$의 기저가 된다. 그러나 벡터 $\mathbf{v} = \mathbf{e}_1 + 2\mathbf{e}_2 + 3\mathbf{e}_3$의 $\mathscr{B}_1$-표현은 $[\mathbf{v}]_{\mathscr{B}_1} = (1,2,3)$인 반면, $\mathscr{B}_2$-표현은 $[\mathbf{v}]_{\mathscr{B}_2} = (1,3,2)$가 되어 서로 다르다. ✧

4.6 푸리에 급수*

구간 $[-\pi, \pi]$에서 정의되는 함수들의 집합 $\mathscr{F}$는 벡터공간이 된다. 이 벡터공간에서 함수

무한 차원 벡터공간에 기저가 과연 존재하기는 할까?

$$\frac{1}{\sqrt{2\pi}}, \frac{1}{\sqrt{\pi}}\cos x, \frac{1}{\sqrt{\pi}}\cos 2x, \ldots, \frac{1}{\sqrt{\pi}}\sin x, \frac{1}{\sqrt{\pi}}\sin 2x, \ldots$$

는 정규직교기저의 역할을 한다. (연습문제 3.4)

함수 $f(x) = x$를 이 기저에 대한 일차결합으로 나타내어,

$$f(x) = \frac{a_0}{\sqrt{2\pi}} + \sum_{n=1}^{\infty} \frac{a_n}{\sqrt{\pi}}\cos nx + \sum_{n=1}^{\infty} \frac{b_n}{\sqrt{\pi}}\sin nx$$

라 하자. 이것을 함수 f의 푸리에 급수(Fourier series)라 한다. 각각의 계수는

$$a_0 = \left\langle f, \frac{1}{\sqrt{2\pi}} \right\rangle, \ a_n = \left\langle f, \frac{1}{\sqrt{\pi}}\cos nx \right\rangle, \ b_n = \left\langle f, \frac{1}{\sqrt{\pi}}\sin nx \right\rangle$$

를 계산하면 되므로,

$$a_0 = 0, \ a_n = 0, \ b_n = (-1)^{n+1}\frac{2\sqrt{\pi}}{n}$$

이다.

한편, 함수 f의 놈(norm)을 계산하면, $\|f\|^2 = \langle f, f \rangle$이므로,

$$\int_{-\pi}^{\pi} x^2 dx = \frac{2\pi^3}{3} = \sum_{n=1}^{\infty} b_n^2 = \sum_{n=1}^{\infty} \frac{4\pi}{n^2}$$

파스발(Parseval)의 정리에 의해 이런 식으로 무한급수를 계산해도 된다.

이고, 등식을 정리하면,

$$\sum_{n=1}^{\infty} \frac{1}{n^2} = \frac{\pi^2}{6}$$

이 된다.

무한합이 개입되면 유한합에 대해 성립하는 등식이 그대로 성립한다는 보장을 할 수가 없다. 이런 이유로 함수를 푸리에 급수로 나타내거나 함수의 놈을 무한합으로 나타낼 때는 주의하여야 한다. 여기서는 엄밀한 증명보다는 선형대수학의 관점에서 문제를 바라보는 정도로만 다루었다.

무한히 많은 유한한 경우가 무한한 경우를 뜻하지는 않는다.

다섯째 날

선형사상과 행렬

"나와 핼모스(Halmos)는 선형대수학에 대해 공통의 철학을 가지고 있었지. 기저와 무관하게 생각하고 기저와 무관하게 서술하지만, 유사시에는 연구실 문을 걸어 잠그고 맹렬하게 행렬 계산을 했거든." —어빙 카플란스키

5.1 선형사상

어떤 수학적 대상을 이해하는 방법 가운데 하나는, 그 대상에 대해 정의되는 함수를 관찰하는 것이다. 물론 아무렇게나 정의되는 함수가 아니라, 그 대상의 수학적 성질을 잘 보존하는 함수를 생각한다. 예를 들어, 해석학에서는 실수의 집합 $\mathbb{R}$를 이해하기 위하여 함수 $f: \mathbb{R} \to \mathbb{R}$를 관찰한다. 이 때 이 함수는 $\mathbb{R}$의 중요한 성질인 완비성(completeness)을 보존하여야 한다. 즉, $f(\lim_{x\to a} x) = \lim_{x\to a} f(x)$를 만족하는 함수를 다룬다. 이런 함수를 특별히 "연속함수"라고 한다. 마찬가지로, 두 벡터공간 사이에 정의되는 사상(寫像, map) 가운데 벡터공간의 성질을 보존하는 사상을 특별히 선형사상(linear map)이라 한다. 벡터공간은 두 개의 연산(벡터의 합과 실수배)이 있으므로, 두 벡터공간 V와 W에 대하여 선형사상 T: V → W는 다음 조건을 만족하는 사상이다.

linear mapping, linear transformation 이라고도 한다.

$$\mathrm{T}(\mathbf{v}_1 + \mathbf{v}_2) = \mathrm{T}(\mathbf{v}_1) + \mathrm{T}(\mathbf{v}_2), \qquad \mathrm{T}(k\mathbf{v}) = k\,\mathrm{T}(\mathbf{v})$$

연습문제 5.1 $\mathrm{T} : \mathrm{V} \to \mathrm{W}$가 선형사상일 때, 다음을 증명하여라.

(1) $\mathrm{T}(\mathbf{0}_\mathrm{V}) = \mathbf{0}_\mathrm{W}$ (2) $\mathrm{T}(-\mathbf{v}) = -\mathrm{T}(\mathbf{v})$

연습문제 5.2 두 선형사상 $\mathrm{T}: \mathrm{V} \to \mathrm{W}$와 $\mathrm{S}: \mathrm{W} \to \mathrm{U}$에 대하여, 합성 사상 $\mathrm{S} \circ \mathrm{T}: \mathrm{V} \to \mathrm{U}$도 선형사상임을 보여라.

연습문제 5.3 벡터공간 V의 한 벡터 $\mathbf{v}$에 대하여, 정사영 사상

$$\mathrm{proj}_\mathbf{v} : \mathrm{V} \to \mathrm{V}, \quad \mathbf{w} \mapsto \mathrm{proj}_\mathbf{v}\,\mathbf{w} = \frac{\langle \mathbf{w}, \mathbf{v} \rangle}{\langle \mathbf{v}, \mathbf{v} \rangle}\mathbf{v}$$

는 선형사상임을 보여라.

Left multiplication by A

다음과 같이 행렬 $\mathrm{A} \in \mathrm{Mat}_{m\times n}(\mathbb{R})$를 왼쪽에 곱하는 사상을 $\mathrm{L_A}$로 나타내자.

$$\mathrm{L_A} : \mathbb{R}^n \to \mathbb{R}^m, \quad \mathbf{x} = [x_1\ x_2\ \dots\ x_n]^\mathrm{T} \mapsto \mathrm{A}\mathbf{x}$$

이 사상이 선형사상임은 쉽게 확인할 수 있다. 이제 반대로 다음 질문을 생각하여 보자.

임의의 선형사상 $\mathrm{T}: \mathbb{R}^n \to \mathbb{R}^m$에 대하여, $\mathrm{T} = \mathrm{L_A}$가 되는 행렬 $\mathrm{A} \in \mathrm{Mat}_{m\times n}(\mathbb{R})$가 항상 존재할까?

벡터공간 $\mathbb{R}^n$의 원소 $\mathbf{v} = (v_1, v_2, \dots, v_n)$을 T로 보낸 상은

$\mathbf{e}_i$는 표준기저의 벡터

$$\begin{aligned}\mathrm{T}(\mathbf{v}) &= \mathrm{T}(v_1\mathbf{e}_1 + v_2\mathbf{e}_2 + \cdots + v_n\mathbf{e}_n) \\ &= v_1\mathrm{T}(\mathbf{e}_1) + v_2\mathrm{T}(\mathbf{e}_2) + \cdots + v_n\mathrm{T}(\mathbf{e}_n)\end{aligned}$$

이 된다. 따라서 사상 T가 V의 벡터를 어떻게 옮기는지를 이해하려면, 기저가 어떻게 옮겨지는지만 알면 된다. 만약

$$\mathrm{T}(\mathbf{e}_i) = (a_{i1}, a_{i2}, \dots, a_{im})$$

로 옮겨진다면

$$\begin{aligned}\mathrm{T}(\mathbf{v}) = v_1(a_{11}, a_{12}, \dots, a_{1m}) + v_2(a_{21}, a_{22}, \dots, a_{2m}) \\ + \cdots + v_n(a_{n1}, a_{n2}, \dots, a_{nm})\end{aligned}$$

이므로

$$\begin{bmatrix} v_1 \\ v_2 \\ \vdots \\ v_n \end{bmatrix} \mapsto \begin{bmatrix} a_{11} & a_{21} & \dots & a_{n1} \\ a_{12} & a_{22} & \dots & a_{n2} \\ \vdots & \vdots & \ddots & \vdots \\ a_{1m} & a_{2m} & \dots & a_{nm} \end{bmatrix} \begin{bmatrix} v_1 \\ v_2 \\ \vdots \\ v_n \end{bmatrix} = \begin{bmatrix} \mathrm{T}(\mathrm{e}_1) & \mathrm{T}(\mathrm{e}_2) & \dots & \mathrm{T}(\mathrm{e}_n) \end{bmatrix} \begin{bmatrix} v_1 \\ v_2 \\ \vdots \\ v_n \end{bmatrix}$$

이 되어, $\mathrm{T} = \mathrm{L}_\mathrm{A}$ 인 행렬 A가 존재함을 알 수 있다. 이 행렬을 [T]로 나타내자.

이제 $\mathbb{R}^n$ 과 $\mathbb{R}^m$ 사이의 모든 선형사상은 행렬을 이용하여 나타낼 수 있으므로, 선형사상을 이해하려면 행렬을 관찰하면 되고, 반대로 행렬을 이해하려면 선형사상을 관찰하면 된다.

행렬을 공부하는 이유!

선형사상을 행렬로 나타내는 것은 $\mathbb{R}^n$ 과 $\mathbb{R}^m$ 사이에서만 가능한 것은 아니다. 일반적인 (유한 차원) 벡터공간에서 좌표 벡터를 이용하면 $\mathbb{R}^n$ 을 흉내낼 수 있기 때문이다. 예를 들어, n차 이하의 다항식의 집합을 $\mathrm{P}_n(\mathbb{R})$로 나타낼 때, 다음과 같이 도함수를 대응시키는 사상 D를 생각하자.

$$\mathrm{D} : \mathrm{P}_n(\mathbb{R}) \to \mathrm{P}_{n-1}(\mathbb{R}), \quad f(x) \mapsto f'(x)$$

$\mathrm{P}_n(\mathbb{R})$와 $\mathrm{P}_{n-1}(\mathbb{R})$의 기저로 각각

$$\mathscr{B} = \{1, x, x^2, \dots, x^n\} \text{과 } \mathscr{C} = \{1, x, x^2, \dots, x^{n-1}\}$$

을 택하면, 다항식 $f(x) = \sum_{i=0}^{n} a_i x^i$ 와 그 도함수 $f'(x) = \sum_{i=1}^{n} i a_i x^{i-1}$ 의 좌표 벡터는

$$[f(x)]_{\mathscr{B}} = \begin{bmatrix} a_0 & a_1 & a_2 & \dots & a_n \end{bmatrix}^\mathrm{T} \in \mathbb{R}^{n+1},$$
$$[f'(x)]_{\mathscr{C}} = \begin{bmatrix} a_1 & 2a_2 & 3a_3 & \dots & na_n \end{bmatrix}^\mathrm{T} \in \mathbb{R}^{n}$$

이 된다. 따라서

$$[f(x)]_{\mathscr{B}} = \begin{bmatrix} a_0 \\ a_1 \\ \vdots \\ a_n \end{bmatrix} \mapsto [f'(x)]_{\mathscr{C}} = \begin{bmatrix} 0 & 1 & 0 & \dots & 0 \\ 0 & 0 & 2 & \dots & 0 \\ \vdots & \vdots & \vdots & \ddots & \vdots \\ 0 & 0 & 0 & \dots & n \end{bmatrix} \begin{bmatrix} a_0 \\ a_1 \\ \vdots \\ a_n \end{bmatrix}$$

으로 나타낼 수 있다.

$[D]^{\mathscr{B}}_{\mathscr{C}}$ 는 $[D(\mathbf{v}_i)]_{\mathscr{C}}$ 를 나열한 것이므로 $\mathscr{C}$ 를 아래 쪽에 썼다.

선형사상 D를 나타내는 행렬은 기저를 택하는 방법에 따라 달라지므로, 그 행렬 표현은 $[D]^{\mathscr{B}}_{\mathscr{C}}$ 처럼 기저를 반영하여 나타내는 것이 자연스럽다. 앞서 $\mathbb{R}^n$ 과 $\mathbb{R}^m$ 사이의 선형사상 T를 행렬로 나타낼 때 기저 표시 없이 [T]로 표현한 것은 사용된 기저가 표준기저여서 생략한 것으로 생각할 수 있다.

일반적인 벡터공간 사이의 선형사상을 행렬로 나타내는 것은 그림 5.1로 설명할 수 있다.

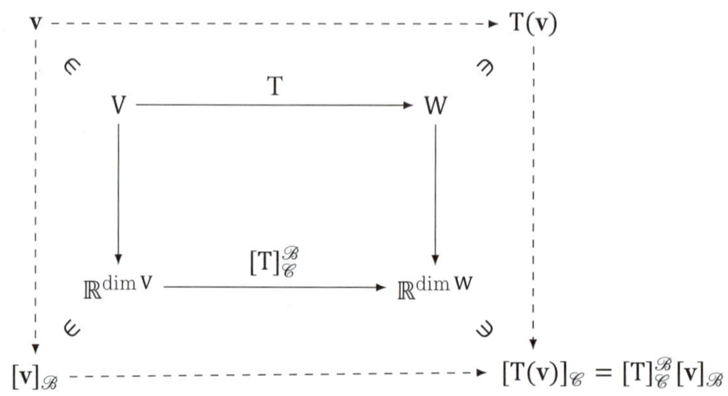

그림 5.1 선형대수학의 철학!

그림 5.1에서 아래 쪽의 행렬 $[T]^{\mathscr{B}}_{\mathscr{C}}$ 는 선형사상 $L_{[T]^{\mathscr{B}}_{\mathscr{C}}}$ 를 뜻한다. 이제부터는 선형사상의 의미로 행렬을 표시한 경우, 그 행렬을 왼쪽에 곱하는 것으로 이해한다. 즉, 선형사상과 행렬을 구별하지 않고 사용한다.

세 벡터공간 V, W, U의 기저를 각각 $\mathscr{B}, \mathscr{C}, \mathscr{D}$ 라 하자. 선형사상 $T: V \to W$와 $S: W \to U$에 대하여, 합성 사상 $S \circ T: V \to U$도 선형사상이므로, 행렬을 이용하여

$$L_{[S\circ T]^{\mathscr{B}}_{\mathscr{D}}} = L_{[S]^{\mathscr{C}}_{\mathscr{D}}} \circ L_{[T]^{\mathscr{B}}_{\mathscr{C}}}$$

로 나타낼 수 있다. 이때,

$$[S \circ T]^{\mathscr{B}}_{\mathscr{D}} = [S]^{\mathscr{C}}_{\mathscr{D}}[T]^{\mathscr{B}}_{\mathscr{C}}$$

가 성립함을 알 수 있다. 행렬의 곱셈이 덧셈과 달리 복잡한 방식으로 정의되는 이유도 바로 여기에 있다.

5.2 차원 정리

두 벡터공간 V와 W 사이의 선형사상 T: V → W에 대해, 선형사상의 상으로 만들어진 집합 $\mathrm{T(V)} = \{\mathrm{T}(\mathbf{v}) \mid \mathbf{v} \in \mathrm{V}\}$는 W의 부분집합이다. 한편 T(V)는 벡터공간이 되므로 (why?) W의 부분공간이다.

선형사상의 상으로 만들어지는 벡터공간이 어떤 성질을 갖는지는 선형사상이 어떻게 정의되는지에 따라 달라질 것이 분명하다. 예를 들어, 유한 차원 벡터공간 V에서 정의되는 선형사상 T: V → V에 대해, T가 모든 원소를 **0**으로 보내는 사상이라면 $\dim \mathrm{T(V)} = 0$이 되고, T가 모든 원소를 자기 자신으로 보내는 사상이라면 $\dim \mathrm{T(V)} = \dim \mathrm{V}$가 된다. 그런데, 앞의 경우는 **0**으로 가는 원소가 V 전체이고, 뒤의 경우는 **0**으로 가는 원소가 **0**뿐이다. 즉, T(V)와 **0**의 역상(preimage)의 규모(?)가 서로 반대라는 것을 알 수 있다. 이와 같은 사실을 차원 정리(dimension theorem)라 한다. 이를 위해, 먼저 일반적인 선형사상 T: V → W의 핵(核, kernel)을

$$\ker \mathrm{T} := \{\mathbf{v} \in \mathrm{V} \mid \mathrm{T}(\mathbf{v}) = \mathbf{0}_{\mathrm{W}}\}$$

로 정의하자.

연습문제 5.4 선형사상 T: V → W에 대하여, ker T는 벡터공간이 됨을 보여라.

ker T가 벡터공간이므로 그 차원을 생각할 수 있다.

정리 5.1 (차원 정리)

선형사상 T: V → W가 유한 차원 벡터공간 V에 대해 정의될 때 다음이 성립한다.

$$\dim \mathrm{V} = \dim \ker \mathrm{T} + \dim \mathrm{T(V)}$$

Proof ker T의 기저를 $\{\mathbf{v}_1, \mathbf{v}_2, \ldots, \mathbf{v}_k\}$라 하자. $\ker \mathrm{T} \subset \mathrm{V}$이므로, 몇 개의 벡터를 추가하여 V의 기저 $\{\mathbf{v}_1, \mathbf{v}_2, \ldots, \mathbf{v}_k, \mathbf{v}_{k+1}, \ldots, \mathbf{v}_n\}$을 만들 수 있다. 이제, $n-k$ 개의 벡터 $\mathrm{T}(\mathbf{v}_{k+1}), \ldots, \mathrm{T}(\mathbf{v}_n)$이 T(V)의 기저가 됨을 보이면 된다.

증명이 꽤 길지만, 그 내용은 대단히 자연스럽다.

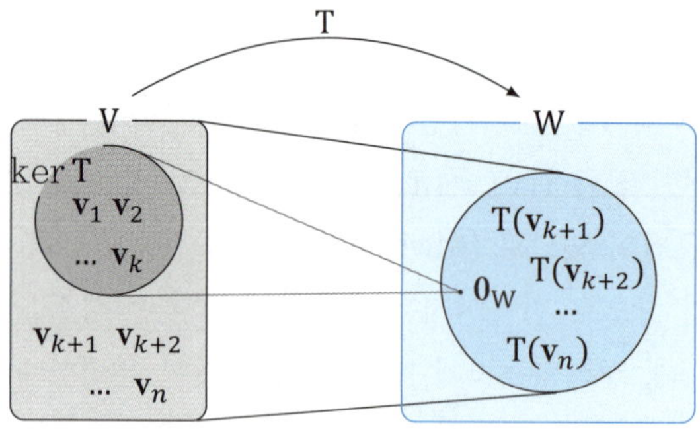

생성: T(V)의 원소는 $\mathrm{T}(\mathbf{v})$ 꼴이다. $\mathbf{v} \in \mathrm{V}$이므로,

$$\mathbf{v} = a_1\mathbf{v}_1 + \cdots + a_k\mathbf{v}_k + a_{k+1}\mathbf{v}_{k+1} + \cdots + a_n\mathbf{v}_n$$

으로 나타낼 수 있다. 그런데 $\mathrm{T}(a_1\mathbf{v}_1) = \mathbf{0}_\mathrm{W}, \ldots, \mathrm{T}(a_k\mathbf{v}_k) = \mathbf{0}_\mathrm{W}$ 이므로,

$$\begin{aligned}\mathrm{T}(\mathbf{v}) &= \mathrm{T}(a_1\mathbf{v}_1 + \cdots + a_k\mathbf{v}_k + a_{k+1}\mathbf{v}_{k+1} + \cdots + a_n\mathbf{v}_n) \\ &= a_{k+1}\mathrm{T}(\mathbf{v}_{k+1}) + \cdots + a_n\mathrm{T}(\mathbf{v}_n)\end{aligned}$$

이다. 따라서 T(V)는 $\mathrm{T}(\mathbf{v}_{k+1}), \ldots, \mathrm{T}(\mathbf{v}_n)$으로 생성된다.

일차독립: $a_{k+1}\mathrm{T}(\mathbf{v}_{k+1}) + \cdots + a_n\mathrm{T}(\mathbf{v}_n) = \mathbf{0}_\mathrm{W}$라 하자. 좌변을 고쳐 쓰면,

$$\mathrm{T}(a_{k+1}\mathbf{v}_{k+1} + \cdots + a_n\mathbf{v}_n) = \mathbf{0}_\mathrm{W}$$

이므로, $a_{k+1}\mathbf{v}_{k+1} + \cdots + a_n\mathbf{v}_n \in \ker \mathrm{T}$가 된다. $\{\mathbf{v}_1, \ldots, \mathbf{v}_k\}$가 $\ker \mathrm{T}$의 기저이므로, 적당한 실수 $a_1, \ldots, a_k$에 대하여

$$a_{k+1}\mathbf{v}_{k+1} + \cdots + a_n\mathbf{v}_n = a_1\mathbf{v}_1 + \cdots + a_k\mathbf{v}_k$$

가 되게 할 수 있다. 우변을 좌변으로 옮기면,

$$-a_1\mathbf{v}_1 - \cdots - a_k\mathbf{v}_k + a_{k+1}\mathbf{v}_{k+1} + \cdots + a_n\mathbf{v}_n = \mathbf{0}_\mathrm{V}$$

이고, $\mathbf{v}_1, \ldots, \mathbf{v}_k, \mathbf{v}_{k+1}, \ldots, \mathbf{v}_n$이 일차독립이므로

$$a_1 = \ldots = a_k = a_{k+1} = \ldots = a_n = 0$$

이 될 수밖에 없다. 따라서 $\mathrm{T}(\mathbf{v}_{k+1}), \ldots, \mathrm{T}(\mathbf{v}_n)$은 일차독립이다. ■

위의 차원 정리로부터 다음 사실을 알 수 있다.

따름정리 5.2

차원이 같은 두 유한 차원 벡터공간 V와 W 사이에 선형사상 T가 정의되어 있을 때, 다음이 성립한다.

$$\text{T는 전사} \Leftrightarrow \text{T는 단사} \Leftrightarrow \text{T는 전단사}$$

전사 = onto
단사 = 1-1

연습문제 5.5 위의 따름정리를 증명하여라.

연습문제 5.6 위의 따름정리를 이용하여, n차 정사각행렬 A와 B의 곱 AB가 I이면 BA도 I임을 보여라.

정리 1.1

유한 차원 벡터공간 V의 기저를 $\mathscr{B}$라 하면, V와 $\mathbb{R}^{\dim V}$ 사이에는 $\mathbf{v}$와 $[\mathbf{v}]_{\mathscr{B}}$를 대응시키는 전단사인 선형사상이 존재한다. "선형대수학의 철학"을 나타내는 그림 5.1을 생각하면, 차원이 같은 유한 차원 벡터공간 사이에는 ($\mathbb{R}^n \to \mathbb{R}^n$을 거쳐) 항상 전단사인 선형사상이 존재한다. 이런 점에서 차원이 같은 유한 차원 벡터공간은 동형(isomorphic)이라 한다. 선형대수학의 관점에서는 똑같은 대상이라는 뜻이다.

$\mathbb{R}^3$과는 전혀 다르게 생긴 $P_2(\mathbb{R})$에서 그람-슈미트 과정을 적용할 수 있는 것도 $\mathbb{R}^3$와 $P_2(\mathbb{R})$가 동형이기에 가능하다. 즉, $P_2(\mathbb{R})$에 있는 벡터를 $\mathbb{R}^3$으로 옮겨 넣은 다음 그람-슈미트 과정으로 정규직교기저를 구하고, 다시 그 결과를 $P_2(\mathbb{R})$로 옮기는 것이다.

$\dim P_2(\mathbb{R}) = \dim \mathbb{R}^3 = 3$

5.3 계수 정리

선형사상에 대한 차원 정리를 행렬에 대한 정리로 바꿀 수 있다. 행렬 $A = [a_{ij}]_{1\le i\le m, 1\le j\le n}$를 왼쪽에 곱하는 선형사상 $L_A : \mathbb{R}^n \to \mathbb{R}^m$을 생각하자. 그러면 $L_A(v_1, v_2, \dots, v_n)$은

$$\begin{bmatrix} a_{11} & a_{12} & \cdots & a_{1n} \\ a_{21} & a_{22} & \cdots & a_{2n} \\ \vdots & \vdots & \ddots & \vdots \\ a_{m1} & a_{m2} & \cdots & a_{mn} \end{bmatrix} \begin{bmatrix} v_1 \\ v_2 \\ \vdots \\ v_n \end{bmatrix} = v_1 \begin{bmatrix} a_{11} \\ a_{21} \\ \vdots \\ a_{m1} \end{bmatrix} + v_2 \begin{bmatrix} a_{12} \\ a_{22} \\ \vdots \\ a_{m2} \end{bmatrix} + \cdots + v_n \begin{bmatrix} a_{1n} \\ a_{2n} \\ \vdots \\ a_{mn} \end{bmatrix}$$

이므로, A의 열벡터 $\mathbf{c}_i = \begin{bmatrix} a_{1i} & a_{2i} & \cdots & a_{mi} \end{bmatrix}^T$들을 일차결합한 것으로 생각할 수 있다. 따라서

$A = \begin{bmatrix} \mathbf{c}_1 & \mathbf{c}_2 & \cdots & \mathbf{c}_n \end{bmatrix}$

$$\dim \mathrm{L_A}(\mathbb{R}^n) = \dim \operatorname{span}(\mathbf{c}_1, \mathbf{c}_2, \dots, \mathbf{c}_n)$$

행렬의 열계수는 기본열연산으로 열사다리꼴을 만들어서 구할 수 있다.

이 된다. 행렬 A의 열벡터들로 생성한 공간을 **열공간**(column space)이라 하고, 그 차원을 행렬 A의 **열계수**(列階數, column rank)라 한다. 열계수를 col-rank A로 나타내자.

한편, $\ker \mathrm{L_A}$는 $\mathbf{c}_i$들의 일차결합 가운데 $\mathbf{0}$이 되는 $(v_1, v_2, \dots, v_n)$들의 집합이 된다. 이 집합을 행렬 A의 **영화공간**(零化空間, null space)이라 하고, 영화공간의 차원을 null A로 나타낸다.

이제 행렬판 차원 정리인 계수 정리(rank theorem)를 생각할 수 있다.

정리 5.3 (계수 정리)

행렬 $\mathrm{A} \in \mathrm{Mat}_{m\times n}(\mathbb{R})$에 대하여 다음이 성립한다.

$$n = \text{col-rank}\,\mathrm{A} + \operatorname{null}\mathrm{A}$$

열계수를 열공간의 차원으로 정의한 것처럼, **행계수**(行階數, row rank)는 **행공간**(row space)의 차원으로 정의한다. 즉,

$$\mathrm{A} = \begin{bmatrix} \mathbf{r}_1 \\ \mathbf{r}_2 \\ \vdots \\ \mathbf{r}_m \end{bmatrix}$$

$$\text{row-rank}\,\mathrm{A} = \dim \operatorname{span}(\mathbf{r}_1, \mathbf{r}_2, \dots, \mathbf{r}_m)$$

이다.

행계수는 연립방정식

$$\begin{bmatrix} a_{11} & a_{12} & \cdots & a_{1n} \\ a_{21} & a_{22} & \cdots & a_{2n} \\ \vdots & \vdots & \ddots & \vdots \\ a_{m1} & a_{m2} & \cdots & a_{mn} \end{bmatrix} \begin{bmatrix} x_1 \\ x_2 \\ \vdots \\ x_n \end{bmatrix} = \begin{bmatrix} 0 \\ 0 \\ \vdots \\ 0 \end{bmatrix}$$

에서 서로 다른 방정식의 개수와 같다. 따라서 이 방정식의 해집합(=영화공간)의 차원은 $n - \text{row-rank}\,\mathrm{A}$와 같다. (why?) 계수 정리에 의해 $\operatorname{null}\mathrm{A} = n - \text{col-rank}\,\mathrm{A}$이므로,

따름정리 5.4

이 정리를 "계수 정리"로 부르기도 한다.

행렬의 행계수와 열계수는 항상 일치한다.

행계수와 열계수가 같으므로, 이 값을 그냥 **계수**(階數, rank)라 하고 rank A로 나타내면, 계수 정리도 좀더 깔끔하게

$$n = \operatorname{rank}\mathrm{A} + \operatorname{null}\mathrm{A}$$

로 쓸 수 있다.

보기 5.1 다음 3×5 행렬의 계수를 구하여 보자.

$$\begin{bmatrix} 2 & -1 & 0 & 2 & 1 \\ -1 & 2 & -1 & 0 & 1 \\ 0 & -1 & 2 & 1 & 0 \end{bmatrix}$$

먼저, 모든 성분이 0은 아니므로, 이 행렬의 계수는 0보다 크다. 다음으로, 행계수를 생각하면 세 개의 행으로 이루어져 있으므로 계수가 3을 넘을 리도 없다. 열계수 관점으로 바꾸어 생각하면, 3차원 공간의 벡터를 모아 놓은 것이므로 열계수는 아무리 커도 3을 넘을 수 없다. 기본행연산을 이용하여 행사다리꼴(row echelon form)을 만들어 행계수를 조사해도 되지만, 첫 세 열로 이루어진 행렬

$$\begin{bmatrix} 2 & -1 & 0 \\ -1 & 2 & -1 \\ 0 & -1 & 2 \end{bmatrix}$$

의 행렬식이 0이 아님을 알고 있으므로, 세 열벡터는 일차독립이다. 연습문제 2.6
따라서 열계수, 행계수, 계수 모두 3이다. ◇

5.4 기저변환

벡터를 나타내는 간명한 방법은 기저를 이용하여 $(a_1, a_2, \ldots, a_n)$ 처럼 성분으로 나타내는 것이지만, 이것은 벡터의 본질적인 성질은 아니다. 기저를 고르는 방법에 따라, 벡터를 성분으로 나타내는 방법이 달라질 수 있기 때문이다.

$\mathbb{R}^2$ 의 두 기저 $\mathscr{B} = \{\mathbf{v}_1, \mathbf{v}_2\}$와 $\mathscr{C} = \{\mathbf{w}_1, \mathbf{w}_2\}$를 생각하자. $\mathbb{R}^2$ 의 모든 벡터는 $\mathbf{v}_1$과 $\mathbf{v}_2$에 대한 일차결합으로 표현되므로,

$$\mathbf{w}_1 = a\mathbf{v}_1 + b\mathbf{v}_2, \qquad \mathbf{w}_2 = c\mathbf{v}_1 + d\mathbf{v}_2$$

로 나타낼 수 있다.

그림 5.2에서 벡터 $\mathbf{v} = \ell_1\mathbf{w}_1 + \ell_2\mathbf{w}_2$를 $\mathbf{v}_1$과 $\mathbf{v}_2$로 나타내면,

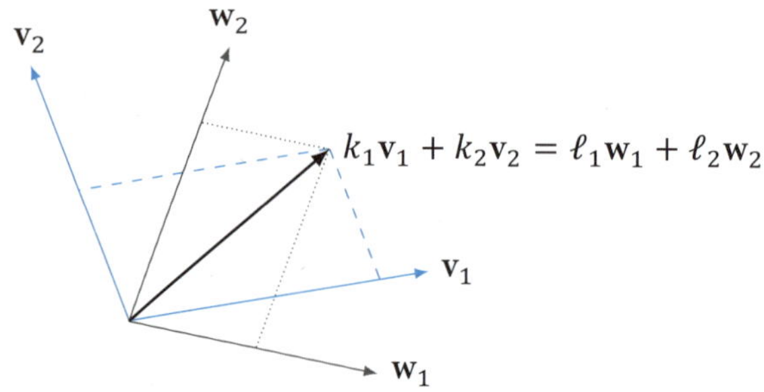

그림 5.2 한 벡터를 두 기저에 대해 표현하였다.

$$\begin{aligned}\mathbf{v} &= \ell_1\mathbf{w}_1 + \ell_2\mathbf{w}_2 \\ &= \ell_1(a\mathbf{v}_1 + b\mathbf{v}_2) + \ell_2(c\mathbf{v}_1 + d\mathbf{v}_2) \\ &= (a\ell_1 + c\ell_2)\mathbf{v}_1 + (b\ell_1 + d\ell_2)\mathbf{v}_2 \\ &= k_1\mathbf{v}_1 + k_2\mathbf{v}_2\end{aligned}$$

이므로, 좌표 벡터와 행렬을 이용하면

$$[\mathbf{v}]_{\mathscr{B}} = \begin{bmatrix} k_1 \\ k_2 \end{bmatrix} = \begin{bmatrix} a\ell_1 + c\ell_2 \\ b\ell_1 + d\ell_2 \end{bmatrix} = \begin{bmatrix} a & c \\ b & d \end{bmatrix}\begin{bmatrix} \ell_1 \\ \ell_2 \end{bmatrix} = \begin{bmatrix} a & c \\ b & d \end{bmatrix}[\mathbf{v}]_{\mathscr{C}}$$

다른 기저로 옮겨주는 (transit) 행렬이라는 뜻. 추이행렬(追移行列)이라고도 한다.

라 할 수 있다. 이 때 벡터 $\mathbf{v}$의 $\mathscr{C}$-표현 $[\mathbf{v}]_{\mathscr{C}}$를 $\mathscr{B}$-표현 $[\mathbf{v}]_{\mathscr{B}}$로 바꾸어 주는 행렬 $\begin{bmatrix} a & c \\ b & d \end{bmatrix}$를 기저변환행렬(transition matrix)이라 한다.

선형사상을 행렬로 나타내는 방법은 기저에 따라 달라지므로, 기저를 바꾸면 선형사상을 나타내는 행렬 또한 달라진다. 벡터의 좌표 벡터가 기저변환행렬을 이용하여 바뀌는 것처럼, 선형사상의 행렬 표현 또한 기저변환행렬을 이용하여 바뀌게 된다. 그림 5.3은 벡터 $\mathbf{v}$를 벡터 $\mathbf{w}$로 보내는 선형사상을 두 가지 기저에 대하여 행렬로 표현한 것이다. 이와 같은 과정을 통하여, 계산하기 복잡한 행렬을 계산하기 쉬운 행렬로 바꿀 수 있다.

그림 5.3에서처럼, 두 행렬 A와 B가 적당한 행렬 P에 대하여

$$\mathrm{A} = \mathrm{P}^{-1}\mathrm{BP}$$

를 만족할 때, 두 행렬 A와 B는 닮은(similar) 행렬이라 하고, A ~ B로 나타낸다. 닮은 행렬은 공유하는 성질이 많다.

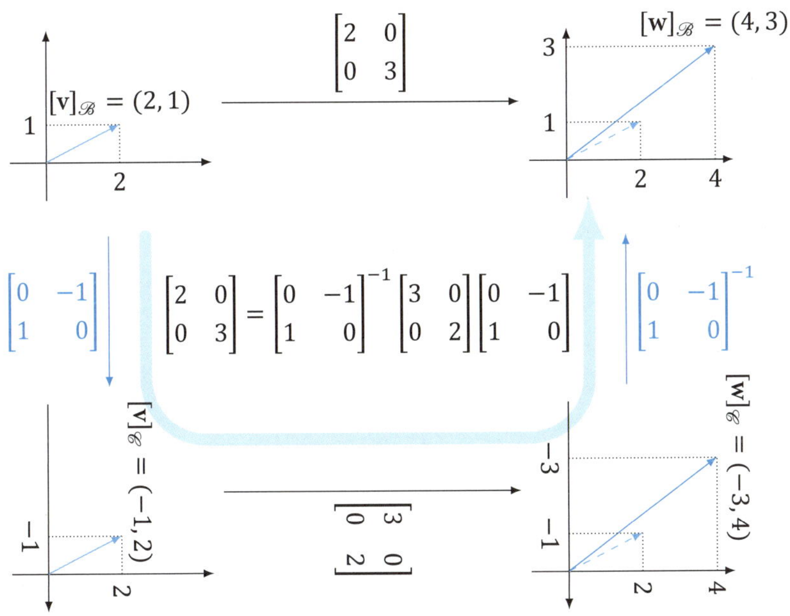

그림 5.3 왼쪽에서 보고 있는 친구의 계산을 이용하는 방법

연습문제 5.7 두 정사각행렬 A와 B가 닮은 행렬이라 하자.

(1) $\det \mathrm{A} = \det \mathrm{B}$임을 보여라.

(2) 행렬 A의 대각성분의 합을 대각합(trace)이라 하며 $\mathrm{tr}\,\mathrm{A}$로 나타낸다. 즉, $\mathrm{A} = \left[a_{ij}\right]$일 때,

$$\mathrm{tr}\,\mathrm{A} := a_{11} + a_{22} + \cdots + a_{nn}$$

이다. $\mathrm{tr}\,\mathrm{A} = \mathrm{tr}\,\mathrm{B}$임을 보여라. (먼저 $\mathrm{tr}(\mathrm{XY}) = \mathrm{tr}(\mathrm{YX})$를 보여라.)

(3) 모든 성분이 0인 행렬을 영행렬(zero matrix)이라 하며 O로 나타낸다. 행렬 A에 대하여

$$a_n \mathrm{A}^n + a_{n-1}\mathrm{A}^{n-1} + \cdots + a_1 \mathrm{A} + a_0 \mathrm{I} = \mathrm{O}$$

이면, 행렬 B에 대하여

$$a_n \mathrm{B}^n + a_{n-1}\mathrm{B}^{n-1} + \cdots + a_1 \mathrm{B} + a_0 \mathrm{I} = \mathrm{O}$$

임을 보여라.

5.5 유클리드 공간과 선형사상

유클리드 공간 $\mathbb{R}^n$ 에서 정의되어 있는 내적 $\mathbf{v}\cdot\mathbf{w}$가 선형사상 $T: \mathbb{R}^n \to \mathbb{R}^n$ 에 의해 어떻게 바뀌는지 생각하여 보자. 즉, $T(\mathbf{v})\cdot T(\mathbf{w})$의 성질을 조사하여 보자.

$[T] = A$
$T = L_A$

내적 $\mathbf{v}\cdot\mathbf{w}$는 $\mathbf{v}^T\mathbf{w}$와 같으므로, 선형사상 T를 나타내는 행렬을 A라 하면,

$$T(\mathbf{v})\cdot T(\mathbf{w}) = A\mathbf{v}\cdot A\mathbf{w} = (A\mathbf{v})^T(A\mathbf{w}) = \mathbf{v}^T(A^TA)\mathbf{w} = (A^TA\mathbf{v})^T\mathbf{w}$$

가 성립한다. 위의 결과를 내적으로 표현하면,

$$A\mathbf{v}\cdot A\mathbf{w} = \mathbf{v}\cdot(A^TA\mathbf{w}) = (A^TA\mathbf{v})\cdot\mathbf{w}$$

가 된다.

만약 임의의 벡터 $\mathbf{v}$와 $\mathbf{w}$에 대하여 $T(\mathbf{v})\cdot T(\mathbf{w}) = \mathbf{v}\cdot\mathbf{w}$가 성립한다면, 선형사상 T는 내적을 보존한다고 말한다. 위의 결과에서

$$A\mathbf{v}\cdot A\mathbf{w} = \mathbf{v}\cdot\mathbf{w} \quad \Leftrightarrow \quad (A^TA\mathbf{v})\cdot\mathbf{w} = \mathbf{v}\cdot\mathbf{w}$$

이므로, 내적을 보존하는 선형사상 T를 나타내는 행렬 A는 $A^TA = I$를 만족해야 한다. A가 정사각행렬이므로, 이 조건은 $A^TA = AA^T = I$라 쓸 수 있다. 이와 같은 행렬 A를 열벡터들이 서로 직교한다는 뜻에서 직교행렬(orthogonal matrix)이라 한다. 바꿔 말하면, 유클리드 공간에서 직교행렬을 왼쪽에 곱하는 사상은 내적을 보존한다.

정리 1.1 덕분

연습문제 5.8 선형사상 T가 내적을 보존하면, T는 놈을 보존하고, 반대로 T가 놈을 보존하면, T는 내적을 보존함을 보여라.

$\mathbb{R}^2$ 에서 원점을 고정하는 등장사상(isometry)은 '회전'과 '대칭' 뿐이라는 뜻.

연습문제 5.9 선형사상 $T: \mathbb{R}^2 \to \mathbb{R}^2$ 가 내적을 보존하면, 적당한 θ에 대하여

$$[T] = \begin{bmatrix} \cos\theta & -\sin\theta \\ \sin\theta & \cos\theta \end{bmatrix} \quad \text{또는} \quad [T] = \begin{bmatrix} \cos\theta & \sin\theta \\ \sin\theta & -\cos\theta \end{bmatrix}$$

가 됨을 보여라.

5.6 최소제곱법

일반적으로 모든 연립방정식이 해를 가지지는 않는다. 특히 실험으로 얻은 자료를 분석하여 관계식을 만드는 경우, 실험 과정에서 발생하는 오차 때문에 자료를 완벽하게 만족하는 식을 찾는 것은 사실상 불가능하다. 예를 들어, 실험 자료를 좌표평면에 나타내었을 때, 어떤 일차함수 그래프 주변에 몰려 있다는 대체적인 추정은 가능하지만, 모든 점을 지나는 일차 함수는 존재하지 않는 것이 보통이다. 이 경우 실험 결과를 잘 설명할 수 있는 수식을 찾아내는 것은 대단히 중요하다. 이 과정에서 선형대수학의 이론이 쓰인다.

연립방정식 $\mathbf{Ax} = \mathbf{b}$를 생각하자. $\mathbf{Ax}$의 집합은 행렬 A의 열공간(column space)이 된다. 만약 $\mathbf{b}$가 이 열공간의 벡터라면 방정식을 풀어 해를 구할 수 있지만, $\mathbf{b}$가 이 열공간에 속하지 않는다면 방정식의 해는 존재하지 않는다. 따라서 방정식 $\mathbf{Ax} = \mathbf{b}$의 가장 "그럴 듯한 해"를 구하는 것은, A의 열공간에 있는 벡터 가운데 벡터 $\mathbf{b}$와 가장 가까운 것을 구하는 것과 같다. 즉, $\|\mathbf{Ax} - \mathbf{b}\|$를 최소로 하는 $\mathbf{Ax}$를 찾으면 된다. 이것은 바로 $\mathbf{b}$를 정사영한 것이다. 그림 5.4는 행렬 A의 두 열벡터 $\mathbf{c}_1$과 $\mathbf{c}_2$로 생성된 평면에 벡터 $\mathbf{b}$를 정사영한 벡터를 $\mathbf{Ax}$로 나타낸 것이다.

"방정식의 해"를 기하적으로 해석

그림 5.4에서 x_1과 x_2의 정보를 알아내려면 $\mathbf{b}$와 $\mathbf{Ax}$의 공통된 성질을 찾아야 한다. $\mathbf{b}$를 정사영한 것이 $\mathbf{Ax}$이므로, 두 벡터를 $\mathbf{c}_1$에 정사영한 벡터가 같다는 사실을 이용하면 된다. 따라서

$$\text{proj}_{\mathbf{c}_1}\mathbf{b} = \frac{\mathbf{b}\cdot\mathbf{c}_1}{\mathbf{c}_1\cdot\mathbf{c}_1}\mathbf{c}_1 = \frac{\mathbf{c}_1^T\mathbf{b}}{\mathbf{c}_1\cdot\mathbf{c}_1}\mathbf{c}_1 \text{와 } \text{proj}_{\mathbf{c}_1}\mathbf{Ax} = \frac{\mathbf{Ax}\cdot\mathbf{c}_1}{\mathbf{c}_1\cdot\mathbf{c}_1}\mathbf{c}_1 = \frac{\mathbf{c}_1^T\mathbf{Ax}}{\mathbf{c}_1\cdot\mathbf{c}_1}\mathbf{c}_1$$

이 같고, 식을 정리하면 $\mathbf{c}_1^T\mathbf{b} = \mathbf{c}_1^T\mathbf{Ax}$가 된다. 벡터 $\mathbf{c}_2$에 대해서도 마찬가

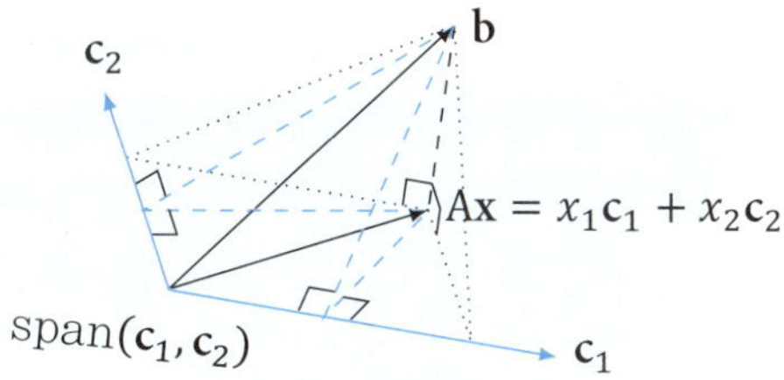

그림 5.4 가장 그럴 듯한 해

지이므로, $\mathbf{c}_2^T\mathbf{b} = \mathbf{c}_2^T A\mathbf{x}$ 라야 한다. 두 방정식을 하나로 정리하면,

$$A^T A\mathbf{x} = A^T\mathbf{b}$$

이므로, $\mathbf{x} = (A^T A)^{-1}A^T\mathbf{b}$ 가 구하려는 "가장 그럴 듯한 해"이다. 이 $\mathbf{x}$ 를 방정식 $A\mathbf{x} = \mathbf{b}$ 의 최소제곱해(least square solution)라 한다. 이 이름은 $A\mathbf{x} - \mathbf{b}$ 의 성분의 제곱의 합인 $\|A\mathbf{x} - \mathbf{b}\|^2$ 을 최소로 만든다는 뜻에서 붙여졌다.

가우스가 1801년에 소행성 케레스의 궤도를 이와 같이 구하였다. 컴퓨터도 없이.

보기 5.2 어떤 천체를 관측하여 다음과 같은 10개의 좌표를 얻었다. 이 천체가 타원 궤도를 따라 움직인다는 것이 알려져 있을 때, 이 천체의 궤도를 나타내는 타원의 방정식을 구하여 보자.

(3.2, 5.3), (5.7, 5.3), (8.6, 4.8), (8.9, 4.7), (9.4, 4.5),

(10.0, 4.2), (10.3, 4.0), (11.1, 3.2), (11.3, 1.3), (11.3, 2.8)

타원의 방정식을 $ax^2 + by^2 + cxy + dx + ey + f = 0$ 이라 하자. 만약 위의 자료에 전혀 오차가 없다면, 모든 점이 타원의 방정식을 만족해야 한다. 따라서 x 와 y 에 각각의 값을 대입하면

$$\begin{cases} 10.24a + 28.09b + 16.96c + 3.2d + 5.3e + f = 0 \\ 32.49a + 28.09b + 30.21c + 5.7d + 5.3e + f = 0 \\ 73.96a + 23.04b + 41.28c + 8.6d + 4.8e + f = 0 \\ 79.21a + 22.09b + 41.83c + 8.9d + 4.7e + f = 0 \\ 88.36a + 20.25b + 42.30c + 9.4d + 4.5e + f = 0 \\ 100.00a + 17.64b + 42.00c + 10.0d + 4.2e + f = 0 \\ 106.09a + 16.00b + 41.20c + 10.3d + 4.0e + f = 0 \\ 123.21a + 10.24b + 35.52c + 11.1d + 3.2e + f = 0 \\ 127.69a + 1.69b + 14.69c + 11.3d + 1.3e + f = 0 \\ 127.69a + 7.84b + 31.64c + 11.3d + 2.8e + f = 0 \end{cases}$$

이 되어야 하지만, 이 연립방정식을 실제로 풀어 보면 해가 존재하지 않는다.

$$\mathbf{a} = \begin{bmatrix} 10.24 \\ 32.49 \\ 73.96 \\ 79.21 \\ 88.36 \\ 100.00 \\ 106.09 \\ 123.21 \\ 127.69 \\ 127.69 \end{bmatrix}$$

위의 자료에 가장 가까운 타원 궤도를 결정하려면, 이 연립방정식의 최소제곱해를 구해야 한다. x^2 의 계수(係數) a 는 0이 될 수 없으므로, $a = 1$ 이라 두고 나머지 b, c, d, e, f 의 값을 구하면 된다. 좌변의 방정식에서 a 의 계수들을 나열한 열벡터를 $\mathbf{a}$ 라 하고, 나머지 문자의 계수를 나열한 행렬을 A라 하면, 원래의 방정식은 $A\mathbf{x} = -\mathbf{a}$ 를 구하는 것과 같다. 이제 이 방정식의 최소제곱해를 구하기 위하여 $A^T A$ 와 $-A^T\mathbf{a}$ 를 계산하면 각각

$$\begin{bmatrix} 3743.3173 & 6093.3847 & 1397.6490 & 798.2990 & 174.9700 \\ 6093.3847 & 12383.3591 & 3113.5450 & 1397.6490 & 337.6300 \\ 1397.6490 & 3113.5450 & 868.9400 & 337.6300 & 89.8000 \\ 798.2990 & 1397.6490 & 337.6300 & 174.9700 & 40.1000 \\ 174.9700 & 337.6300 & 89.8000 & 40.1000 & 10.0000 \end{bmatrix}, \begin{bmatrix} -12383.3591 \\ -30122.4493 \\ -8735.7220 \\ -3113.5450 \\ -868.9400 \end{bmatrix}$$

이므로

$$\mathbf{x} = \begin{bmatrix} b \\ c \\ d \\ e \\ f \end{bmatrix} \fallingdotseq \begin{bmatrix} 4.5596 \\ -1.5172 \\ -0.8498 \\ -1.5938 \\ -101.4267 \end{bmatrix}$$

엄밀히는 유효숫자의 개수를 따져야 하지만, 편의상 모든 계산 결과를 소수점 아래 네 자리까지 표시하였다.

이 된다. 이 값으로 타원

$$x^2 + 4.5596y^2 - 1.5172xy - 0.8498x - 1.5938y - 101.4267 = 0$$

의 그래프를 그려 보면 그림 5.5와 같다. ◇

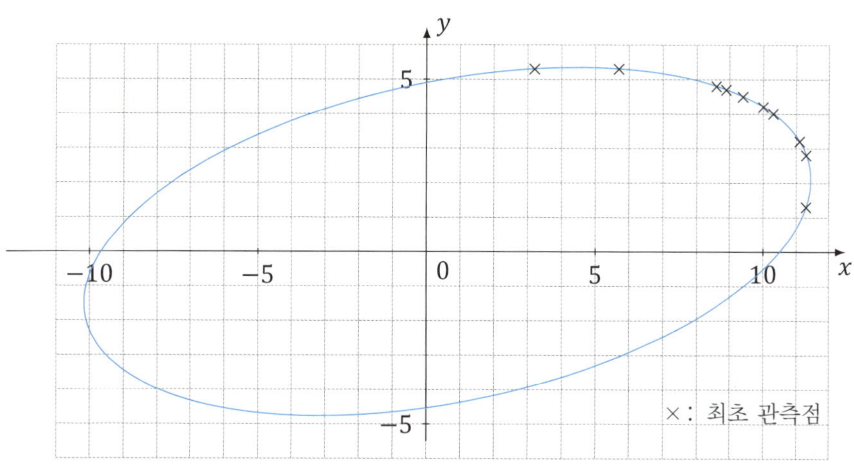

그림 5.5 최소제곱법으로 찾은 타원

연습문제 5.10 다음 5개의 점에 가장 가까운 직선의 방정식을 구하여라.

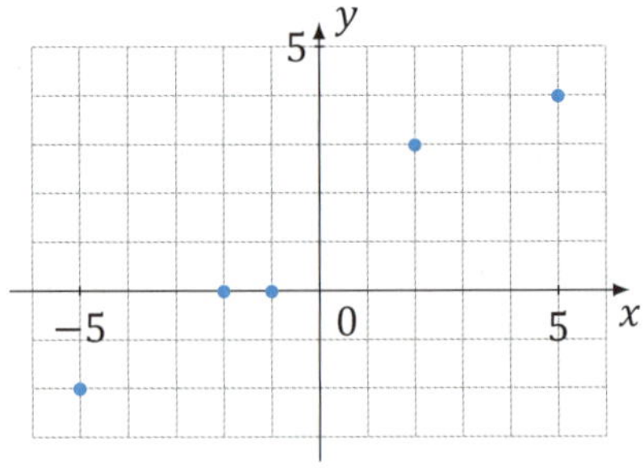

5.7 쌍대공간과 미분형식*

현대수학의 특징 가운데 하나는 어떤 수학적 대상의 성질을 관찰하기 위하여 그 대상에서 정의되는 함수가 가진 성질을 조사하는 것이라 할 수 있다. 물론 아무렇게나 만든 함수가 아니라 그 대상의 성질과 밀접한 관련이 있는 함수를 다룬다. 예를 들어 실수의 성질을 연구하기 위하여 실수에서 정의되는 연속함수를 다루고 복소수의 성질을 연구하기 위하여 해석함수(holomorphic function)를 다룬다.

벡터공간에 대해서도 같은 생각으로 함수를 연구하게 되는데, 벡터공간과 관련된 함수라면 당연히 선형사상이어야 한다. 즉, V가 체 F 위의 벡터공간이라 할 때,

$$\text{임의의 } \mathbf{v}, \mathbf{w} \in \mathrm{V}\text{에 대하여 } f(\mathbf{v}+\mathbf{w}) = f(\mathbf{v}) + f(\mathbf{w})$$
$$\text{임의의 } \mathbf{v} \in \mathrm{V}\text{와 } k \in \mathrm{F}\text{에 대하여 } f(k\mathbf{v}) = kf(\mathbf{v})$$

인 함수 $f: \mathrm{V} \to \mathrm{F}$들이 연구 대상이 된다. 그런데 두 선형사상 $f, g: \mathrm{V} \to \mathrm{F}$와 스칼라 $k \in \mathrm{F}$에 대하여 다음과 같이 함수의 합과 스칼라 배를 정의할 수 있다.

$$f+g: \mathrm{V} \to \mathrm{F}, \qquad (f+g)(\mathbf{v}) = f(\mathbf{v}) + g(\mathbf{v})$$
$$kf: \mathrm{V} \to \mathrm{F}, \qquad (kf)(\mathbf{v}) = kf(\mathbf{v})$$

따라서 벡터공간 V에서 정의되는 선형사상들의 집합이 다시 F 위의 벡터공간이 된다. 벡터공간 V로부터 만들어지는 이 새로운 벡터공간을 V의 쌍대공간(dual space)이라 하며, V^*로 나타낸다.

유한차원 벡터공간 V의 기저를 $\mathbf{v}_1, \mathbf{v}_2, \dots, \mathbf{v}_n$이라 할 때, 쌍대공간 V^*의 기저를 구하여 보자. V^*의 기저는 벡터를 스칼라로 보내는 선형사상들로 이루어져 있을 것이고, V의 원소인 벡터는 $\mathbf{v}_i$들의 일차결합으로 이루어져 있으므로, 구하는 선형사상들은 $\mathbf{v}_i$들을 스칼라로 보내는 방법에 따라 결정될 것이다. 따라서 다음의 결과를 얻을 수 있다.

정리 5.5

선형사상 $\mathbf{v}_i^*: V \to F$가 다음과 같이 정의된다고 하자.

$$\mathbf{v}_i^*(a_1\mathbf{v}_1 + \cdots + a_i\mathbf{v}_i + \cdots + a_n\mathbf{v}_n) = a_i$$

이 때, $\mathbf{v}_1^*, \mathbf{v}_2^*, \dots, \mathbf{v}_n^*$는 쌍대공간 V^*의 기저가 된다.

Proof 기저가 되는 것을 보이려면 이 선형사상들이 일차독립인지, 그리고 V^*를 생성하는지를 확인하여야 한다.

먼저 일차독립을 확인하자. 적당한 스칼라 $a_i \in F$에 대하여

$$a_1\mathbf{v}_1^* + a_2\mathbf{v}_2^* + \cdots + a_n\mathbf{v}_n^* = \mathbf{0}$$

$\mathbf{0}: V \to F$는 V의 모든 원소를 0으로 보내는 사상

이라 하자. 선형사상의 합과 스칼라 배에 대한 정의에 따라, 벡터 $\mathbf{v}_i \in V$에 대하여

$$(a_1\mathbf{v}_1^* + a_2\mathbf{v}_2^* + \cdots + a_n\mathbf{v}_n^*)(\mathbf{v}_i) = \mathbf{0}(\mathbf{v}_i) = 0$$

이 성립한다. 좌변을 계산하면

$$a_1\mathbf{v}_1^*(\mathbf{v}_i) + a_2\mathbf{v}_2^*(\mathbf{v}_i) + \cdots + a_n\mathbf{v}_n^*(\mathbf{v}_i)$$

이고, $j = i$인 경우를 제외하고는 $\mathbf{v}_j^*(\mathbf{v}_i) = 0$이므로, $a_i = 0$이 된다. 따라서 $\mathbf{v}_1^*, \mathbf{v}_2^*, \dots, \mathbf{v}_n^*$는 일차독립이다.

다음으로 V^*를 생성하는지 확인하자. 임의의 선형사상 $f: V \to F$를 $\mathbf{v}_1^*, \mathbf{v}_2^*, \dots, \mathbf{v}_n^*$의 일차결합으로 나타내어야 한다. 적당한 스칼라 $a_i \in F$에 대하여

$$f = a_1\mathbf{v}_1^* + a_2\mathbf{v}_2^* + \cdots + a_n\mathbf{v}_n^*$$

라 하자. 계수 a_i를 결정하기 위해 양변의 함수가 $\mathbf{v}_i$를 어디로 보내는지 알아보면,

$$f(\mathbf{v}_i) = (a_1\mathbf{v}_1^* + a_2\mathbf{v}_2^* + \cdots + a_n\mathbf{v}_i^*)(\mathbf{v}_i)$$

$$= a_1\mathbf{v}_1^*(\mathbf{v}_i) + a_2\mathbf{v}_2^*(\mathbf{v}_i) + \cdots + a_n\mathbf{v}_n^*(\mathbf{v}_i)$$
$$= a_i$$

가 된다. 따라서

$$f = f(\mathbf{v}_1)\mathbf{v}_1^* + f(\mathbf{v}_2)\mathbf{v}_2^* + \cdots + f(\mathbf{v}_n)\mathbf{v}_n^*$$

로 나타낼 수 있다. ■

쌍대공간 V^*가 벡터공간이므로, 다시 V^*의 쌍대공간을 생각할 수 있다. 이것을 V의 이중쌍대공간(double dual space)이라 하며 V^{**}로 나타낸다. 쌍대공간 V^*의 원소가 벡터를 스칼라로 보내는 선형사상인 데 비해, 이중쌍대공간 V^{**}의 원소는 V^*의 원소인 선형사상을 스칼라로 보내는 선형사상이다.

헷갈리게 쓰자면, V^{**}의 원소는 벡터를 스칼라로 보내는 선형사상을 스칼라로 보내는 선형사상이다.

이중쌍대공간 V^{**}의 기저를 생각해 보면, V^*의 경우와 마찬가지로 $\mathbf{v}_i^{**}$를 생각할 수 있다. 그런데

$$\mathbf{v}_i^{**}(\mathbf{v}_j^*) = \mathbf{v}_j^*(\mathbf{v}_i) = \begin{cases} 1 & i = j\text{일 때} \\ 0 & i \neq j\text{일 때} \end{cases}$$

이므로, $\mathbf{v}_i^{**}$와 $\mathbf{v}_i$를 같은 것으로 생각할 수 있다. 더 일반적으로 벡터 $\mathbf{v} \in V$와 선형사상 $f \in V^*$에 대하여

$$\mathbf{v}(f) = f(\mathbf{v})$$

로 정의할 수 있다.

선형사상을 행렬로 나타낼 수 있다는 사실을 생각하면, V의 기저를 $\mathscr{B} = \{\mathbf{v}_1, \mathbf{v}_2, \ldots, \mathbf{v}_n\}$이라 할 때,

$$[\mathbf{v}_i]_{\mathscr{B}} = \begin{bmatrix} 0 & \ldots & 1 & \ldots & 0 \end{bmatrix}^{\mathrm{T}}$$

라 할 수 있고,

$$[\mathbf{v}_i^*]_{\mathscr{B}}^{\mathscr{B}} = \begin{bmatrix} 0 & \ldots & 1 & \ldots & 0 \end{bmatrix}$$

이라 할 수 있다. 이렇게 생각하면 $\mathbf{v}_i^*$는 열벡터 $\mathbf{v}_i$를 행벡터로 바꾼 것으로 생각할 수 있다.

복소벡터공간에서 행렬 A의 켤레전치(conjugate transpose)를 나타내는 기호가 A^*라는 사실을 공부하고 나면 쌍대벡터 $\mathbf{v}_i^*$의 기호가 뜻하는 바가 분명해진다.

그렇다면, 임의의 벡터 $\mathbf{v} \in V$에 대하여 $[\mathbf{v}^*]_{\mathscr{B}}^{\mathscr{B}} = [\mathbf{v}]_{\mathscr{B}}^{\mathrm{T}}$로 정의할 수 있을지 생각해 보자. 예를 들어, $V = \mathbb{R}^2$에 표준기저 $\mathscr{B}$가 주어져 있을 때 벡터 $\mathbf{v} = (1, 1)$을 생각해 보자. 단순히 전치행렬을 구하여 계산하면

$$[\mathbf{v}]_{\mathscr{B}}^{\mathrm{T}}\mathbf{v} = 2$$

가 되므로, $[\mathbf{v}^*]_{\mathscr{B}}^{\mathscr{B}} \neq [\mathbf{v}]_{\mathscr{B}}^{\mathrm{T}}$ 임을 알 수 있다. 즉, 단순히 열벡터를 행벡터로 뒤집는 방식으로는 V^* 의 원소를 나타낼 수 없다. 이런 점에서 V^* 의 표현은 V의 기저에 의존한다고 할 수 있다. 그런데 V^{**} 의 원소는 V의 원소를 그대로 쓰므로, 기저가 바뀌더라도 앞서와 같은 문제가 생기지 않는다.

이와 같이 V와 V^* 사이의 동형사상(isomorphism)은 V의 기저에 따라 달라지지만, V와 V^{**} 사이의 동형사상은 기저와 무관하게 결정된다. 이런 점에서 V와 V^{**} 는 표준적으로 동형(canonically isomorphic)이라 한다.

연습문제 5.11 벡터공간 $\mathbb{R}^3$ 의 기저

$$\mathscr{B} = \{\mathbf{v}_1 = (1,1,0),\ \mathbf{v}_2 = (0,1,1),\ \mathbf{v}_3 = (1,0,1)\}$$

의 쌍대기저와 이중쌍대기저를 표준기저에 대한 좌표 벡터로 나타내어라.

쌍대공간의 기하적 의미는 미분에서 찾을 수 있다. 미분이란 함수의 선형근사를 찾는 것으로, 기하적으로는 함수의 그래프 위의 한 점에서 접선을 긋는 것으로 생각할 수 있다.

접선은 직선이므로 일차원 벡터공간이라 할 수 있다. 이 공간의 벡터는 접선 벡터라 부를 수 있고, 접선 벡터의 길이가 짧으면 짧을수록 선형근사의 의미가 분명해진다. 길이가 짧다는 것은 단위 접선 벡터에 크기가 작은 실수를 곱한 것으로 생각할 수 있고, 접선 벡터는 x축 방향의 벡터와 y축 방향의 벡터로 분해할 수 있다. 따라서 접선 벡터를 이해하는 방법은 그 벡터를 두 방향으로 분해한 (짧은) 벡터 사이의 관계를 관찰하는 것이다.

모호한 개념인 무한소를 벡터를 이용하여 대체하려는 것이다.

점 P를 출발점으로 하는 접선 벡터로 이루어지는 벡터공간을 T_P 라 하면, 접선 벡터가 주어졌을 때 그 벡터가 기저벡터의 몇 배인지를 알려주는 사상은 선형사상이므로, 쌍대공간 T_P^* 의 원소라 할 수 있다. 점 P가 주어질 때 T_P^* 의 원소에 해당하는 선형사상을 미분형식(differential form)이라 한다. 미분형식 가운데 가장 간단한 것은 접선 벡터의 x-성분을 주는 것으로, 이것을 dx로 나타낸다. 그러면, $\mathbf{v}_P = (a, b) \in T_P$ 에 대하여 $dx(\mathbf{v}_P) = a$가 된다. (그림 5.6)

한편 접선 벡터의 y-성분을 주는 선형사상은 dy로 나타낸다. T_P^* 가 일차원 벡터공간이므로 dy는 dx의 스칼라 배가 되어야 하고, 이 스칼라 값을 점 P에서의 미분계수라 부른다. 접점이 바뀔 때마다 접선과

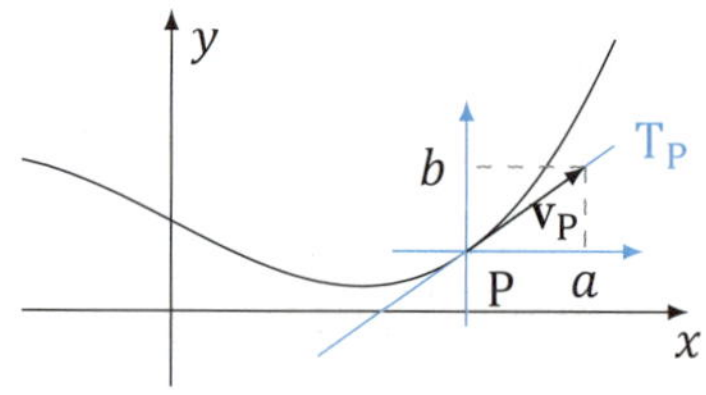

그림 5.6 미분형식 dx

미분계수가 달라질 것이므로, 미분계수는 접점(의 좌표의 x-성분)에 따른 함수의 값이라 할 수 있다. 이 함수를 도함수(derivative)라 하며, $f'(x)$로 나타낸다. 즉, 미분형식과 도함수 사이에는 다음과 같은 등식이 성립한다.

$$dy = f'(x_0)dx \in \mathrm{T}_\mathrm{P}^*, \quad \mathrm{P} = (x_0, y_0)$$

미분계수는 벡터 dx를 벡터 dy로 바꾸어 주므로, 벡터공간 T_P^*에서 T_P^* 자신으로 가는 선형사상으로 생각할 수 있다. 즉, 도함수는 점이 주어지면 선형사상 하나를 대응시키는 함수라 할 수 있다.

이와 같은 사고방식은 다변수 함수인 경우에도 성립한다. 예를 들어 이변수 함수 $z = f(x, y) = 4x^2 + y^2$의 그래프에서 점 $\mathrm{P} = (1, 2, 8)$에 접하는 접평면 T_P는 이차원 벡터공간이 된다. 접평면의 방정식은

$$8x + 4y - z = 8$$

이므로, 미분형식 dx, dy, dz 사이에는 다음과 같은 등식이 성립한다. (그림 5.7)

$$dz = 8dx + 4dy \in \mathrm{T}_\mathrm{P}^*$$

일반적으로는

$$\begin{aligned} dz &= \frac{\partial f}{\partial x}(x_0, y_0)dx + \frac{\partial f}{\partial y}(x_0, y_0)dy \in \mathrm{T}_\mathrm{P}^*, \quad \mathrm{P} = (x_0, y_0, f(x_0, y_0)) \\ &= \begin{bmatrix} \frac{\partial f}{\partial x}(x_0, y_0) & \frac{\partial f}{\partial y}(x_0, y_0) \end{bmatrix} \begin{bmatrix} dx \\ dy \end{bmatrix} \end{aligned}$$

가 성립한다.

극좌표 치환에서처럼 두 개의 문자 $z = f(x, y)$와 $w = g(x, y)$로 치환하는 경우, 다음과 같이 나타낼 수 있다.

$$\begin{bmatrix} dz \\ dw \end{bmatrix} = \begin{bmatrix} \frac{\partial f}{\partial x}(x_0, y_0) & \frac{\partial f}{\partial y}(x_0, y_0) \\ \frac{\partial g}{\partial x}(x_0, y_0) & \frac{\partial g}{\partial y}(x_0, y_0) \end{bmatrix} \begin{bmatrix} dx \\ dy \end{bmatrix} \in \mathrm{T}_\mathrm{P}^* \times \mathrm{T}_\mathrm{P}^*$$

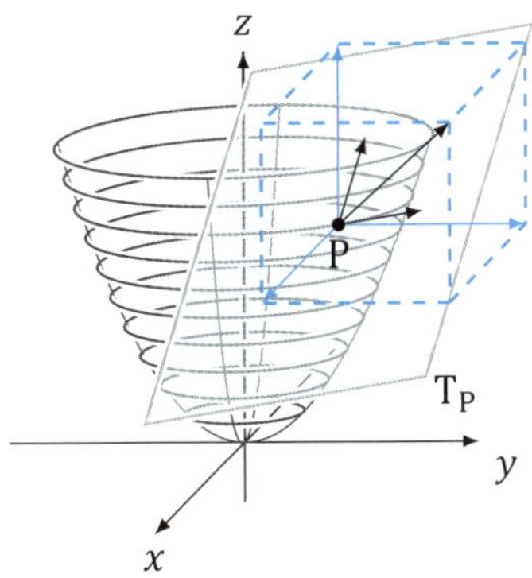

그림 5.7 접평면과 접선벡터

이때, 야코비 행렬 $\left[\frac{\partial(f,g)}{\partial(x,y)}\right]$는 $\mathrm{T}_\mathrm{P}^* \times \mathrm{T}_\mathrm{P}^*$에서 $\mathrm{T}_\mathrm{P}^* \times \mathrm{T}_\mathrm{P}^*$로 가는 선형사상이 되므로 함수 $(f,g)\colon \mathbb{R}^2 \to \mathbb{R}^2$의 도함수로 생각할 수 있다.

여섯째 날

Around Linear Algebra In 8 Days

고유값과 고유벡터

Victor Eigen 교수에게는 아들이 둘 있는데,
이름은 Lambda 1, Lambda 2. — 수학 유머 중

6.1 행렬의 대각화

대각성분을 제외한 모든 성분이 0인 행렬을 대각행렬(diagonal matrix)이라 하며, 적절한 기저변환을 통하여 주어진 행렬을 대각행렬로 변형하는 것을 대각화(diagonalization)라 한다.

모든 행렬이 대각화 가능했다면 선형대수학이라는 분야는 생기지 않았을지도… .

행렬 A가 나타내는 선형사상을 $\mathrm{L_A}$라 하자. 행렬 A가 기저

$$\mathscr{B} = \{\mathbf{v}_1, \mathbf{v}_2, \ldots, \mathbf{v}_n\}$$

에 대해 대각행렬이 되었다면, 다음 식에서 알 수 있듯 $\mathrm{L_A}(\mathbf{v}_i)$는 다른 벡터를 사용하지 않고 $\mathbf{v}_i$만으로 표현된다.

$$\begin{aligned}\mathrm{L_A}(a_1\mathbf{v}_1 + a_2\mathbf{v}_2 + \cdots + a_n\mathbf{v}_n) &= \begin{bmatrix} \lambda_1 & 0 & \cdots & 0 \\ 0 & \lambda_2 & \cdots & 0 \\ \vdots & \vdots & \ddots & \vdots \\ 0 & 0 & \cdots & \lambda_n \end{bmatrix}\begin{bmatrix} a_1 \\ a_2 \\ \vdots \\ a_n \end{bmatrix} \\ &= \lambda_1 a_1\mathbf{v}_1 + \lambda_2 a_2\mathbf{v}_2 + \cdots + \lambda_n a_n\mathbf{v}_n\end{aligned}$$

따라서 행렬 A를 대각화하려면, $L_A(\mathbf{v}) = \lambda\mathbf{v}$가 되는 $\mathbf{v}$와 λ를 구해야 한다. 즉, 연립방정식

$$A\mathbf{v} = \lambda\mathbf{v}$$

를 풀어야 한다. 이때, 이 등식을 만족하는 $\mathbf{v}$와 λ를 각각 **고유벡터**(eigenvector)와 **고유값**(eigenvalue)이라 한다. 여기서 기저 역할을 하는 $\mathbf{v}$는 $\mathbf{0}$일 수 없지만, 변환의 결과로 λ가 0이 될 수는 있다.

eigen은 "고유의"라는 뜻의 독일어로, /aɪgən/으로 읽는다.

정리 6.1

행렬 A의 고유값 $\lambda_1, \lambda_2, \dots, \lambda_k$에 대응하는 고유벡터를 $\mathbf{v}_1, \mathbf{v}_2, \dots, \mathbf{v}_k$라 하자. $\lambda_1, \lambda_2, \dots, \lambda_k$가 모두 다르다면 $\mathbf{v}_1, \mathbf{v}_2, \dots, \mathbf{v}_k$는 일차독립이다.

Proof 만약 $\mathbf{v}_1, \mathbf{v}_2, \dots, \mathbf{v}_k$가 일차독립이 아니라면, $\mathbf{v}_1, \mathbf{v}_2, \dots, \mathbf{v}_\ell$은 일차독립이면서 $\mathbf{v}_1, \mathbf{v}_2, \dots, \mathbf{v}_\ell, \mathbf{v}_{\ell+1}$은 일차종속이 되는 $\ell\,(< k)$이 존재해야 한다. 그러면

$$\mathbf{v}_{\ell+1} = a_1\mathbf{v}_1 + a_2\mathbf{v}_2 + \cdots + a_\ell\mathbf{v}_\ell \qquad (*)$$

이고, 적어도 하나의 계수 a_i는 0이 아니라고 할 수 있다.

이제 $(*)$의 양변에 $\lambda_{\ell+1}$을 곱하면

$$\lambda_{\ell+1}\mathbf{v}_{\ell+1} = a_1\lambda_{\ell+1}\mathbf{v}_1 + a_2\lambda_{\ell+1}\mathbf{v}_2 + \cdots + a_\ell\lambda_{\ell+1}\mathbf{v}_\ell$$

이 되고, $(*)$의 양변에 A를 곱하면,

$$A\mathbf{v}_1 = \lambda_1\mathbf{v}_1, A\mathbf{v}_2 = \lambda_2\mathbf{v}_2, \dots, A\mathbf{v}_{\ell+1} = \lambda_{\ell+1}\mathbf{v}_{\ell+1}$$

이라는 사실로부터

$$\lambda_{\ell+1}\mathbf{v}_{\ell+1} = a_1\lambda_1\mathbf{v}_1 + a_2\lambda_2\mathbf{v}_2 + \cdots + a_\ell\lambda_\ell\mathbf{v}_\ell$$

이 된다. 두 식의 차를 구하면,

$$0 = a_1(\lambda_{\ell+1} - \lambda_1)\mathbf{v}_1 + a_2(\lambda_{\ell+1} - \lambda_2)\mathbf{v}_2 + \cdots + a_\ell(\lambda_{\ell+1} - \lambda_\ell)\mathbf{v}_\ell$$

이고, $\mathbf{v}_1, \mathbf{v}_2, \dots, \mathbf{v}_\ell$이 일차독립이므로,

$$a_1(\lambda_{\ell+1} - \lambda_1) = a_2(\lambda_{\ell+1} - \lambda_2) = \cdots = a_\ell(\lambda_{\ell+1} - \lambda_\ell) = 0$$

이 된다. 그런데 $a_i \neq 0$이라고 하였으므로 $\lambda_i = \lambda_{\ell+1}$이 되어 모순이다. ■

이 정리로부터, n차 정사각행렬 A의 고유값이 n개이고 모두 다른 경우, 고유벡터가 기저의 역할을 할 수 있으므로 행렬을 간단히 대각화할 수 있다. 즉, 행렬 A의 고유값 λ_i에 대한 고유벡터를 $\mathbf{v}_i$라 하면,

$$\begin{bmatrix}\mathbf{v}_1 & \mathbf{v}_2 & \cdots & \mathbf{v}_n\end{bmatrix}^{-1} \mathrm{A} \begin{bmatrix}\mathbf{v}_1 & \mathbf{v}_2 & \cdots & \mathbf{v}_n\end{bmatrix} = \begin{bmatrix}\lambda_1 & 0 & \cdots & 0 \\ 0 & \lambda_2 & \cdots & 0 \\ \vdots & \vdots & \ddots & \vdots \\ 0 & 0 & \cdots & \lambda_n\end{bmatrix}$$

이 된다.

보기 6.1 행렬 $\mathrm{A} = \begin{bmatrix}1 & 2 \\ 3 & 2\end{bmatrix}$를 대각화하여 보자. A의 고유벡터 $\begin{bmatrix}x \\ y\end{bmatrix}$와 고유값 λ는 연립방정식

$$\begin{bmatrix}1 & 2 \\ 3 & 2\end{bmatrix}\begin{bmatrix}x \\ y\end{bmatrix} = \lambda\begin{bmatrix}x \\ y\end{bmatrix} \Rightarrow \begin{bmatrix}x + 2y \\ 3x + 2y\end{bmatrix} = \begin{bmatrix}\lambda x \\ \lambda y\end{bmatrix}$$

를 만족해야 한다. $x = 0$이면 $y = 0$이 되므로, $x \neq 0$이고 또 $y \neq 0$이어야 한다. 위 방정식에서 λ를 소거하면,

$$(x + 2y)y = (3x + 2y)x \Leftrightarrow (x + y)(3x - 2y) = 0$$

이므로, 연립방정식의 해는 $x = -y$ 또는 $3x = 2y$가 된다. 그리고 각 경우에 대하여, $\lambda = -1$ 또는 4가 된다. 즉,

$$\begin{bmatrix}1 & 2 \\ 3 & 2\end{bmatrix}\begin{bmatrix}1 \\ -1\end{bmatrix} = -1\begin{bmatrix}1 \\ -1\end{bmatrix}, \qquad \begin{bmatrix}1 & 2 \\ 3 & 2\end{bmatrix}\begin{bmatrix}2 \\ 3\end{bmatrix} = 4\begin{bmatrix}2 \\ 3\end{bmatrix}$$

이 성립한다. 따라서 두 벡터 $[1\ -1]^{\mathrm{T}}$와 $[2\ 3]^{\mathrm{T}}$를 기저로 하면 행렬 A는 대각행렬로 나타낼 수 있다. 즉,

$$\begin{bmatrix}1 & 2 \\ 3 & 2\end{bmatrix}\begin{bmatrix}1 & 2 \\ -1 & 3\end{bmatrix} = \begin{bmatrix}1 & 2 \\ -1 & 3\end{bmatrix}\begin{bmatrix}-1 & 0 \\ 0 & 4\end{bmatrix}$$

$$\Rightarrow \begin{bmatrix}1 & 2 \\ 3 & 2\end{bmatrix} = \begin{bmatrix}1 & 2 \\ -1 & 3\end{bmatrix}\begin{bmatrix}-1 & 0 \\ 0 & 4\end{bmatrix}\begin{bmatrix}1 & 2 \\ -1 & 3\end{bmatrix}^{-1}$$

이 된다. ◇

위와 같이 방정식을 직접 풀어 고유벡터와 고유값을 구할 수도 있지만,

$$\mathrm{A}\mathbf{v} = \lambda\mathbf{v} \Leftrightarrow \mathrm{A}\mathbf{v} = \lambda\mathrm{I}\mathbf{v} \Leftrightarrow (\lambda\mathrm{I} - \mathrm{A})\mathbf{v} = \mathbf{0}$$

임의의 $k \in \mathbb{R}$에 대해 $k\mathbf{v}$가 모두 해가 된다.

이고, 이 방정식의 해가 무한히 많다는 사실에서, (또는 $\mathbf{v} \neq \mathbf{0}$인 해가 존재한다는 사실에서)

$$\det(\lambda I - A) = 0$$

을 풀어 λ를 먼저 구할 수도 있다. 이때, λ에 대한 방정식 $\det(\lambda I - A) = 0$을 특성방정식(characteristic equation), $\det(\lambda I - A)$를 특성다항식(characteristic polynomial)이라 한다.

$\begin{bmatrix} F_{n+1} \\ F_n \end{bmatrix} = \begin{bmatrix} 1 & 1 \\ 1 & 0 \end{bmatrix}^{n-1} \begin{bmatrix} F_2 \\ F_1 \end{bmatrix}$

연습문제 6.1 행렬의 대각화를 이용하여 다음과 같이 정의되는 피보나치 수열의 일반항을 구하여라.

$$F_1 = F_2 = 1, \qquad F_{n+2} = F_n + F_{n+1} \quad (n \geq 1)$$

6.2 대각화 가능성

앞 절에서 보았듯 n차 정사각행렬이 n개의 서로 다른 고유값을 가지면, 그 행렬은 대각화가 가능하다. n차 정사각행렬의 특성다항식은 n차 다항식이므로 일반적으로 n개의 근을 가진다. 그러나 근 가운데 실근이 아닌 근이 있거나, 중근이 있는 경우는 어떻게 될까?

우리는 현재 실수배하는 연산이 정의되어 있는 실벡터공간(real vector space)만을 생각하고 있으므로, 특성다항식이 허근을 가지는 경우를 지금은 다룰 수가 없지만, 복소벡터공간(complex vector space)을 생각하면 거의 똑같은 방법으로 대각화를 생각할 수 있다.

보기 6.2 $\mathbb{R}^2$ 공간에서 회전변환을 나타내는 행렬

$$R(\theta) = \begin{bmatrix} \cos\theta & -\sin\theta \\ \sin\theta & \cos\theta \end{bmatrix}$$

$\theta \neq 0, \pi$인 한, 회전하여 원래 벡터의 실수배가 되는 벡터는 존재할 수가 없다.

의 특성방정식은 $\det(\lambda I - R(\theta)) = \lambda^2 - 2\cos\theta\,\lambda + 1 = 0$이므로, 고유값은 복소수,

$$\lambda_1 = \cos\theta + i\sin\theta, \quad \lambda_2 = \cos\theta - i\sin\theta$$

이고 각 경우의 고유벡터는

$$\mathbf{v}_1 = (i, 1), \quad \mathbf{v}_2 = (1, i)$$

이다. 따라서 복소수 범위에서는

$$\mathrm{R}(\theta) = \begin{bmatrix} i & 1 \\ 1 & i \end{bmatrix} \begin{bmatrix} \cos\theta + i\sin\theta & 0 \\ 0 & \cos\theta - i\sin\theta \end{bmatrix} \begin{bmatrix} i & 1 \\ 1 & i \end{bmatrix}^{-1}$$

로 대각화할 수 있다. ◇

이제 특성다항식이 중근을 가지는 경우를 생각하여 보자. 다음 세 행렬의 특성다항식은 모두 $(\lambda - 2)^3$ 이지만, 세 행렬의 성격은 전혀 다르다.

$$\mathrm{A} = \begin{bmatrix} 2 & 0 & 0 \\ 0 & 2 & 0 \\ 0 & 0 & 2 \end{bmatrix} \qquad \mathrm{B} = \begin{bmatrix} 2 & 0 & 0 \\ 0 & 2 & 1 \\ 0 & 0 & 2 \end{bmatrix} \qquad \mathrm{C} = \begin{bmatrix} 2 & 1 & 0 \\ 0 & 2 & 1 \\ 0 & 0 & 2 \end{bmatrix}$$

$$\det(\lambda \mathrm{I} - \mathrm{A}) = (\lambda - 2)^3 \quad \det(\lambda \mathrm{I} - \mathrm{B}) = (\lambda - 2)^3 \quad \det(\lambda \mathrm{I} - \mathrm{C}) = (\lambda - 2)^3$$

행렬 A의 경우, 고유값 $\lambda = 2$에 대한 고유벡터를 구하여 보면,

$$(2\mathrm{I} - \mathrm{A})\mathbf{v} = \begin{bmatrix} 0 & 0 & 0 \\ 0 & 0 & 0 \\ 0 & 0 & 0 \end{bmatrix} \begin{bmatrix} x \\ y \\ z \end{bmatrix} = \begin{bmatrix} 0 \\ 0 \\ 0 \end{bmatrix}$$

에서 서로 일차독립인 세 벡터 $\mathbf{v}_1 = (1, 0, 0), \mathbf{v}_2 = (0, 1, 0), \mathbf{v}_3 = (0, 0, 1)$을 찾을 수 있다. 따라서 A는 (이미 대각행렬이지만) 대각화가 가능하다. 이 세 벡터의 일차결합이 모두 $\lambda = 2$에 대한 고유벡터가 된다는 뜻에서, $\mathrm{span}(\mathbf{v}_1, \mathbf{v}_2, \mathbf{v}_3)$은 행렬 A의 $\lambda = 2$에 대한 고유공간(eigenspace)이라 한다. 이 경우, 고유공간의 차원은 3이다.

행렬 계산 대신 간단히 고유값만 곱해주면 된다는 점에서 고유공간은 "젖과 꿀이 흐르는 땅"

행렬 B의 경우, 고유값 $\lambda = 2$에 대한 고유벡터를 구하여 보면,

$$(2\mathrm{I} - \mathrm{B})\mathbf{v} = \begin{bmatrix} 0 & 0 & 0 \\ 0 & 0 & -1 \\ 0 & 0 & 0 \end{bmatrix} \begin{bmatrix} x \\ y \\ z \end{bmatrix} = \begin{bmatrix} 0 \\ 0 \\ 0 \end{bmatrix}$$

에서 서로 일차독립인 두 벡터 $\mathbf{v}_1 = (1, 0, 0), \mathbf{v}_2 = (0, 1, 0)$을 찾을 수 있다. 이 두 벡터로 생성되는 벡터말고는 더 이상 고유벡터가 존재하지 않으므로, 행렬 B의 고유값 $\lambda = 2$에 대한 고유공간은 $\mathrm{span}(\mathbf{v}_1, \mathbf{v}_2)$이고 그 차원은 2이다. 기저 역할을 할 수 있는 세 개의 벡터를 찾을 수 없으므로, 행렬 B는 대각화 가능하지 않다.

행렬 C의 경우, 고유값 $\lambda = 2$에 대한 고유벡터를 구하여 보면,

$$(2\mathrm{I} - \mathrm{C})\mathbf{v} = \begin{bmatrix} 0 & -1 & 0 \\ 0 & 0 & -1 \\ 0 & 0 & 0 \end{bmatrix} \begin{bmatrix} x \\ y \\ z \end{bmatrix} = \begin{bmatrix} 0 \\ 0 \\ 0 \end{bmatrix}$$

에서 고유벡터는 $\mathbf{v}_1 = (1,0,0)$뿐이다. 이 벡터를 실수배한 벡터말고는 더 이상 고유벡터가 존재하지 않으므로, 행렬 C의 고유값 $\lambda = 2$에 대한 고유공간은 $\mathrm{span}(\mathbf{v}_1)$이고 그 차원은 1이다. 기저 역할을 할 수 있는 세 개의 벡터를 찾을 수 없으므로, 행렬 C 역시 대각화 가능하지 않다.

기하적 중복도 ≤ 대수적 중복도

특성다항식의 관점에서는 세 행렬을 구별할 수 없지만, 고유공간의 관점에서는 세 행렬의 성격이 크게 다르다. 이런 점에서, 특성방정식에서 근 λ의 중복도를 **대수적 중복도**(algebraic multiplicity)라 하고, λ에 대한 고유공간의 차원을 **기하적 중복도**(geometric multiplicity)라 한다. 이상의 관찰로부터 다음 정리를 얻을 수 있다.

정리 6.2

n차 정사각행렬 A의 서로 다른 고유값을 $\lambda_1, \lambda_2, \dots, \lambda_k$라 하자. A를 대각화할 수 있는 필요충분 조건은 각 고유값 λ_i의 대수적 중복도와 기하적 중복도가 같은 것이다.

6.3 이차형식

벡터공간 $\mathbb{R}^n$의 놈(의 제곱)은 모든 항이 2차인 다항식으로 이루어져 있다. (3.5절) 이와 같은 이차동차다항식을 특별히 **이차형식**(quadratic form)이라 한다. 놈이 길이를 재는 자의 역할을 하여 유클리드 기하와 다른 기하를 가능하게 하듯이, 이차형식은 이로부터 파생되는 기하적인 구조를 풍부하게 담고 있다. 이런 이유로 수학자들은 오랫동안 이차형식의 성질을 연구하여 왔다.

xy의 계수가 b가 아닌 $2b$라는 데 주의!

이차형식은 놈을 정의하는 것처럼, 대칭행렬을 이용하여 나타낼 수 있다. 예를 들어, 이차형식 $f(x,y) = ax^2 + 2bxy + cy^2$은

$$\begin{bmatrix} x & y \end{bmatrix} \begin{bmatrix} a & b \\ b & c \end{bmatrix} \begin{bmatrix} x \\ y \end{bmatrix}$$

로 쓸 수 있다.

이러한 도형을 이차곡선이라 한다.

방정식 $f(x,y) = k$로 나타내어지는 도형을 행렬 P로 표현되는 선형사상

$$\begin{bmatrix} x' \\ y' \end{bmatrix} = \mathrm{P} \begin{bmatrix} x \\ y \end{bmatrix}$$

로 옮기면 어떻게 될지 생각하여 보자. $Q = P^{-1}$ 이라 하면, 옮겨진 도형의 방정식은

$$\left(Q\begin{bmatrix}x'\\y'\end{bmatrix}\right)^{T}\begin{bmatrix}a & b\\b & c\end{bmatrix}\left(Q\begin{bmatrix}x'\\y'\end{bmatrix}\right)=\begin{bmatrix}x' & y'\end{bmatrix}\left(Q^{T}\begin{bmatrix}a & b\\b & c\end{bmatrix}Q\right)\begin{bmatrix}x'\\y'\end{bmatrix}=k$$

가 된다.

보기 6.3 방정식 $x^2 + y^2 = 4$를 만족하는 점을

$$\begin{bmatrix}x'\\y'\end{bmatrix}=\begin{bmatrix}2 & 0\\0 & 1\end{bmatrix}\begin{bmatrix}x\\y\end{bmatrix}$$

로 옮기면, (x', y')에 대한 방정식은

$$\begin{bmatrix}x' & y'\end{bmatrix}\begin{bmatrix}1/2 & 0\\0 & 1\end{bmatrix}\begin{bmatrix}1 & 0\\0 & 1\end{bmatrix}\begin{bmatrix}1/2 & 0\\0 & 1\end{bmatrix}\begin{bmatrix}x'\\y'\end{bmatrix}=\begin{bmatrix}x' & y'\end{bmatrix}\begin{bmatrix}1/4 & 0\\0 & 1\end{bmatrix}\begin{bmatrix}x'\\y'\end{bmatrix}=4$$

가 된다. 즉, 옮겨진 도형은 x축 방향으로 길쭉한 타원 $\frac{x'^2}{4} + y'^2 = 4$가 된다. ✧

만약 위의 보기와 달리, Q가 도형의 모양을 바꾸지 않고 회전하거나 대칭이동을 한다면, Q는 직교행렬이 되어야 하므로 $Q^T = Q^{-1}$가 된다. 따라서 행렬의 대각화를 이용하여 이차형식을 간단한 형태로 바꿀 수 있다.

5.5절 참조
$Q^TAQ = Q^{-1}AQ$

보기 6.4 다음 방정식

$$x^2 + 3xy + y^2 = 4$$

가 나타내는 도형은 무엇인지 구하여 보자. 이 방정식은

$$\begin{bmatrix}x & y\end{bmatrix}\begin{bmatrix}1 & \frac{3}{2}\\\frac{3}{2} & 1\end{bmatrix}\begin{bmatrix}x\\y\end{bmatrix}=4$$

로 나타낼 수 있다. 행렬 $A = \begin{bmatrix}1 & \frac{3}{2}\\\frac{3}{2} & 1\end{bmatrix}$의 특성방정식을 구하면

$$\det(\lambda I - A) = \det\begin{bmatrix}\lambda-1 & -\frac{3}{2}\\-\frac{3}{2} & \lambda-1\end{bmatrix}=\lambda^2 - 2\lambda - \frac{5}{4} = 0$$

이므로, 고유값은 $\lambda_1 = -\frac{1}{2}$, $\lambda_2 = \frac{5}{2}$이다. 두 고유값에 대응하는 고유벡터는 $\mathbf{v}_1 = (1, -1)$과 $\mathbf{v}_2 = (1, 1)$이다. 행렬 A를 대각화하려면 $\mathbf{v}_1$과 $\mathbf{v}_2$로

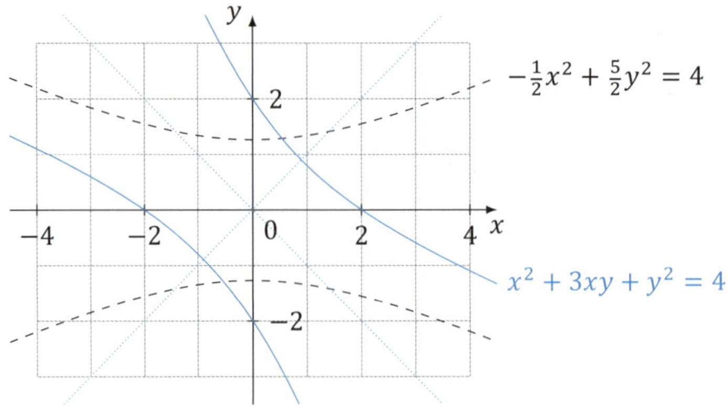

그림 6.1 쌍곡선 $x^2 + 3xy + y^2 = 4$

충분하지만, 지금은 고유벡터를 이용하여 직교행렬을 만들어야 하므로, $\mathbf{v}_1$과 $\mathbf{v}_2$를 적당히 상수배한 벡터를 찾아야 한다. 직교행렬이 되려면 우선 두 벡터의 놈이 1이 되어야 하므로,

$$\mathbf{v}_1' = \left(\frac{1}{\sqrt{2}}, -\frac{1}{\sqrt{2}}\right), \qquad \mathbf{v}_2' = \left(\frac{1}{\sqrt{2}}, \frac{1}{\sqrt{2}}\right)$$

물론 단순히 운이 좋아서 이렇게 되는 것은 아니다.

을 생각할 수 있고, 이 때 운 좋게 $\mathbf{v}_1' \cdot \mathbf{v}_2' = 0$이므로

$$\begin{bmatrix} 1 & \frac{3}{2} \\ \frac{3}{2} & 1 \end{bmatrix} = \begin{bmatrix} \frac{1}{\sqrt{2}} & \frac{1}{\sqrt{2}} \\ -\frac{1}{\sqrt{2}} & \frac{1}{\sqrt{2}} \end{bmatrix} \begin{bmatrix} -\frac{1}{2} & 0 \\ 0 & \frac{5}{2} \end{bmatrix} \begin{bmatrix} \frac{1}{\sqrt{2}} & \frac{1}{\sqrt{2}} \\ -\frac{1}{\sqrt{2}} & \frac{1}{\sqrt{2}} \end{bmatrix}^{-1}$$
$$= \begin{bmatrix} \frac{1}{\sqrt{2}} & \frac{1}{\sqrt{2}} \\ -\frac{1}{\sqrt{2}} & \frac{1}{\sqrt{2}} \end{bmatrix} \begin{bmatrix} -\frac{1}{2} & 0 \\ 0 & \frac{5}{2} \end{bmatrix} \begin{bmatrix} \frac{1}{\sqrt{2}} & \frac{1}{\sqrt{2}} \\ -\frac{1}{\sqrt{2}} & \frac{1}{\sqrt{2}} \end{bmatrix}^{\mathrm{T}}$$

가 된다. 이것은

$$\begin{bmatrix} x' \\ y' \end{bmatrix} = \begin{bmatrix} \frac{1}{\sqrt{2}} & -\frac{1}{\sqrt{2}} \\ \frac{1}{\sqrt{2}} & \frac{1}{\sqrt{2}} \end{bmatrix} \begin{bmatrix} x \\ y \end{bmatrix}$$

$\begin{bmatrix} \frac{1}{\sqrt{2}} & -\frac{1}{\sqrt{2}} \\ \frac{1}{\sqrt{2}} & \frac{1}{\sqrt{2}} \end{bmatrix} = \begin{bmatrix} \cos\frac{\pi}{4} & -\sin\frac{\pi}{4} \\ \sin\frac{\pi}{4} & \cos\frac{\pi}{4} \end{bmatrix}$

라 할 때,

$$\begin{bmatrix} x & y \end{bmatrix} \begin{bmatrix} 1 & \frac{3}{2} \\ \frac{3}{2} & 1 \end{bmatrix} \begin{bmatrix} x \\ y \end{bmatrix} = \left(\begin{bmatrix} \frac{1}{\sqrt{2}} & -\frac{1}{\sqrt{2}} \\ \frac{1}{\sqrt{2}} & \frac{1}{\sqrt{2}} \end{bmatrix} \begin{bmatrix} x \\ y \end{bmatrix} \right)^{\mathrm{T}} \begin{bmatrix} -\frac{1}{2} & 0 \\ 0 & \frac{5}{2} \end{bmatrix} \begin{bmatrix} \frac{1}{\sqrt{2}} & -\frac{1}{\sqrt{2}} \\ \frac{1}{\sqrt{2}} & \frac{1}{\sqrt{2}} \end{bmatrix} \begin{bmatrix} x \\ y \end{bmatrix}$$
$$= \begin{bmatrix} x' & y' \end{bmatrix} \begin{bmatrix} -\frac{1}{2} & 0 \\ 0 & \frac{5}{2} \end{bmatrix} \begin{bmatrix} x' \\ y' \end{bmatrix}$$
$$= 4$$

를 뜻한다. (x', y')은 (x, y)를 $\frac{\pi}{4}$만큼 회전한 것이고, $-\frac{1}{2}x'^2 + \frac{5}{2}y'^2 = 4$이므로, 원래의 도형은 그림 6.1과 같이 쌍곡선 $-\frac{1}{2}x^2 + \frac{5}{2}y^2 = 4$를 $-\frac{\pi}{4}$만큼 회전한 것이다. ◇

앞의 보기에서 두 고유벡터가 직교하는 것은 우연의 일치가 아니다. 행렬 A가 대칭행렬이고, 서로 다른 두 고유값 λ_1과 λ_2에 대응하는 고유벡터가 $\mathbf{v}_1$과 $\mathbf{v}_2$라면,

$$(A\mathbf{v}_1) \cdot \mathbf{v}_2 = (\lambda_1\mathbf{v}_1) \cdot \mathbf{v}_2 = \lambda_1(\mathbf{v}_1 \cdot \mathbf{v}_2),$$
$$\mathbf{v}_1 \cdot (A\mathbf{v}_2) = \mathbf{v}_1 \cdot (\lambda_2\mathbf{v}_2) = \lambda_2(\mathbf{v}_1 \cdot \mathbf{v}_2)$$

인데, $(A\mathbf{v}_1) \cdot \mathbf{v}_2 = \mathbf{v}_1 \cdot (A^T\mathbf{v}_2)$이고 $A^T = A$이므로 $\lambda_1(\mathbf{v}_1 \cdot \mathbf{v}_2) = \lambda_2(\mathbf{v}_1 \cdot \mathbf{v}_2)$가 성립하려면 $\mathbf{v}_1 \cdot \mathbf{v}_2 = 0$이 될 수밖에 없다.

한편 고유공간의 차원이 2보다 크거나 같다면, 그람-슈미트 과정에 의해 항상 직교하는 벡터를 찾을 수 있다. 따라서 대칭행렬은 (대각화할 수 있다면) 서로 직교하는 고유벡터를 찾을 수 있다. 실은 모든 대칭행렬은 대각화 가능하다는 사실이 알려져 있으므로, 바꾸어 말하면, 모든 이차형식은 직교행렬로 대각화 가능하다.

이런 대각화를 "직교 대각화(orthogonal diagonalization)"로 구별하여 부르기도 한다.

정리 6.3 (주축정리 主軸整理 principal axis theorem)

임의의 이차형식 $Q(\mathbf{x})$를 대칭행렬 A를 이용하여 $Q(\mathbf{x}) = \mathbf{x}^T A\mathbf{x}$로 나타내었다고 하자. 이 때 적당한 대각행렬 D와 직교행렬 P가 존재하여,

$$Q(\mathbf{x}) = (P\mathbf{x})^T D(P\mathbf{x})$$

가 된다.

Proof 증명은 일곱째 날에서. ■

주축정리의 기하적인 의미를 생각하면, 타원, 포물선, 쌍곡선 등의 이차곡선(=원뿔곡선)을, 모양을 바꾸지 않는 변환, 즉 회전이동이나 대칭이동으로 변환하여 대칭축이 x축과 y축이 되게 할 수 있다. 이런 변환은 이차곡면에도 적용할 수 있다.

한편, 위 보기의 도형의 방정식을

$$x^2 + 3xy + y^2 = \left(x + \frac{3}{2}y\right)^2 - \frac{5}{4}y^2 = 4$$

타원이라면 $x = 1$억 같은 값은 불가능할 테니.

로 고쳐 생각하면, 이 방정식이 나타내는 도형이 타원이 아니라는 사실은 (대각화하지 않더라도) 금방 알 수 있다. 방정식을 만족하는 x와 y의 값이 얼마든지 큰 값이 될 수 있기 때문이다.

만약 도형의 방정식이

$$x^2 + xy + y^2 = 4$$

였다면,

$$x^2 + xy + y^2 = \left(x + \frac{1}{2}y\right)^2 + \frac{3}{4}y^2 = 4$$

로부터 x와 y가 무한정 커질 수는 없음을 알 수 있다. 따라서 이 방정식이 나타내는 도형은 타원이 될 수밖에 없다.

뒤집어 생각하면 이차형식 $x^2 + xy + y^2$에 어떤 값을 대입해도 그 결과가 음수가 될 수 없으므로

$$x^2 + xy + y^2 = -4$$

와 같은 방정식은 해를 갖지 않지만, 이차형식 $x^2 + 3xy + y^2$은 x와 y 값에 따라 양수와 음수가 모두 가능하므로

$$x^2 + 3xy + y^2 = -4$$

附號가 陽으로 定해져 있다는 뜻에서 양의 정부호라고도 한다.

부호가 정해진 행렬인지 판정하는 방법은 leading principal minor를 찾아볼 것.

와 같은 방정식은 해를 갖는다. 이처럼 어떤 이차형식 $Q(x_1, \ldots, x_n)$이 $x_1 = \ldots = x_n = 0$인 경우를 제외하고는 항상 양수일 때, 이 이차형식은 양으로 정해졌다(positive definite)고 한다. 반대로 $x_1 = \ldots = x_n = 0$인 경우를 제외하고는 항상 음수일 때, 이 이차형식은 음으로 정해졌다(negative definite)고 한다. 만약 이차형식 Q가 양수와 음수 모두 가능할 때, 이 이차형식은 부호가 정해지지 않았다(indefinite)고 한다.

극점 주위의 등고선은 타원 모양

안장점 주위의 등고선은 쌍곡선 모양

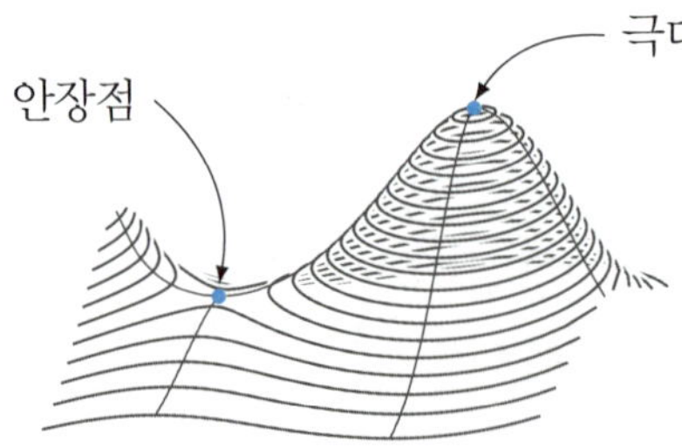

$$H(f) = \begin{bmatrix} \frac{\partial^2 f}{\partial x^2} & \frac{\partial^2 f}{\partial x \partial y} \\ \frac{\partial^2 f}{\partial y \partial x} & \frac{\partial^2 f}{\partial y^2} \end{bmatrix}$$

그림 6.2 극점과 안장점

미적분학에서 다변수 함수의 극대점, 극소점, 안장점을 판정하는 헤세 행렬(Hessian matrix)의 원리도 부호가 정해진 행렬인지 아닌지를 이용하여 임계점 부근에서 곡면이 국소적으로 어떤 이차곡면처럼 생겼는지를 판정하는 것이다.

6.4 케일리-해밀턴 정리

행렬 $A = \begin{bmatrix} 1 & 2 \\ 3 & 2 \end{bmatrix}$의 특성다항식은

$$f(\lambda) = \det(\lambda I - A) = \lambda^2 - 3\lambda - 4$$

이 된다. 이 다항식 $f(\lambda)$를 행렬 X에 대한 다항식

$$f(X) = X^2 - 3X - 4I$$

으로 생각하자. 적당한 기저변환행렬 P에 대하여 $A = P\begin{bmatrix} -1 & 0 \\ 0 & 4 \end{bmatrix}P^{-1}$ 이므로,

$$f(A) = f\left(P\begin{bmatrix} -1 & 0 \\ 0 & 4 \end{bmatrix}P^{-1}\right) = Pf\left(\begin{bmatrix} -1 & 0 \\ 0 & 4 \end{bmatrix}\right)P^{-1} = \begin{bmatrix} 0 & 0 \\ 0 & 0 \end{bmatrix}$$

$(PDP^{-1})^n = PD^nP^{-1}$

이 된다. 일반적으로, 임의의 행렬 A와 그 특성다항식 $f(\lambda) = \det(\lambda I - A)$에 대하여 $f(A) = 0$이 성립한다. 이것을 케일리-해밀턴(Cayley-Hamilton) 정리라 한다.

정리 6.4 (케일리-해밀턴 정리)

임의의 행렬 A와 그 특성다항식 $f(\lambda) = \sum_{i=0}^{n} a_i\lambda^i$에 대하여,

$$f(A) = a_nA^n + a_{n-1}A^{n-1} + \cdots + a_1A + a_0I = 0$$

이 성립한다.

순진한(?) 생각으로는 $f(A) = \det(AI - A) = \det 0 = 0$이 되어 당연해 보이지만, 행렬식은 행렬의 각 성분(=실수)끼리 연산하여 구하는 것이므로, λ 자리에 행렬 A를 그냥 집어 넣는 것은 불가능하다. 게다가 케일리-해밀턴 정리에서는 $f(A)$를 계산한 결과가 영행렬 0인 반면, "순진한 증명"은 $f(A)$를 계산한 결과가 실수 0이므로 두 결과가 같지도 않다.

외적 계산 공식에서는 행렬의 성분으로 벡터를 쓰는 해괴한 짓도 했지만…

$n=3$인 몇 가지 경우는 해밀턴이 사원수를 이용하여 확인하였고, 이후 케일리가 $n=2,3$인 경우를 행렬로 확인하였다.

대각화 가능한 행렬에 대해서는 간단히 증명할 수 있지만, 모든 행렬이 대각화 가능한 것은 아니므로 이런 방법도 불가능하다. 행렬의 크기가 작다면 일일이 계산하는 것으로도 확인이 가능하지만, 이 방법으로 일반적인 행렬에 대해서 언제나 성립하는지를 확인할 수는 없다.

Proof $\mathrm{B}=\mathrm{adj}(\lambda\mathrm{I}-\mathrm{A})$라 하자. 수반행렬(adjugate matrix)의 정의에 의해,

$$\mathrm{B}(\lambda\mathrm{I}-\mathrm{A})=\det(\lambda\mathrm{I}-\mathrm{A})\mathrm{I}=(a_n\lambda^n+a_{n-1}\lambda^{n-1}+\cdots+a_1\lambda+a_0)\mathrm{I}$$

가 성립한다.

B는 λ에 대한 $n-1$차 다항식들을 성분으로 가지고 있으므로,

$$\mathrm{B}=\lambda^{n-1}\mathrm{B}_{n-1}+\lambda^{n-2}\mathrm{B}_{n-2}+\cdots+\lambda\mathrm{B}_1+\mathrm{B}_0$$

으로 쓸 수 있다. 이 식을 처음 등식에 대입하고 정리하면,

$$\begin{aligned}\mathrm{B}(\lambda\mathrm{I}-\mathrm{A})&=\lambda^n\mathrm{B}_{n-1}+\lambda^{n-1}(\mathrm{B}_{n-2}-\mathrm{B}_{n-1}\mathrm{A})+\cdots+\lambda(\mathrm{B}_0-\mathrm{B}_1\mathrm{A})-\mathrm{B}_0\mathrm{A}\\&=(a_n\lambda^n+a_{n-1}\lambda^{n-1}+\cdots+a_1\lambda+a_0)\mathrm{I}\end{aligned}$$

가 된다. 각 항을 비교하면,

$$\mathrm{B}_{n-1}=a_n\mathrm{I},\ \mathrm{B}_{n-2}-\mathrm{B}_{n-1}\mathrm{A}=a_{n-1}\mathrm{I},\ \ldots,\ \mathrm{B}_0-\mathrm{B}_1\mathrm{A}=a_1\mathrm{I},\ -\mathrm{B}_0\mathrm{A}=a_0\mathrm{I}$$

이므로,

$$\begin{aligned}f(\mathrm{A})&=a_n\mathrm{A}^n+a_{n-1}\mathrm{A}^{n-1}+\cdots+a_1\mathrm{A}+a_0\mathrm{I}\\&=\mathrm{B}_{n-1}\mathrm{A}^n+(\mathrm{B}_{n-2}-\mathrm{B}_{n-1}\mathrm{A})\mathrm{A}^{n-1}+\cdots+(\mathrm{B}_0-\mathrm{B}_1\mathrm{A})\mathrm{A}-\mathrm{B}_0\mathrm{A}\\&=0\end{aligned}$$

이 된다. ■

케일리-해밀턴 정리가 주어진 임의의 행렬에 대해 적당한 다항식을 찾는 것이라면, 반대로 임의의 다항식 $f(x)$에 대해 $f(\mathrm{A})=0$이 되는 행렬 A가 항상 존재할까? 다항식 $f(x)$가

$$f(x)=x^n+a_{n-1}x^{n-1}+\cdots+a_1x+a_0$$

라면, 다음 행렬 A는 $f(\mathrm{A})=0$을 만족한다. 이 행렬 A를 동반행렬

(companion matrix)이라 한다.

$$A = \begin{bmatrix} 0 & 0 & \dots & 0 & -a_0 \\ 1 & 0 & \dots & 0 & -a_1 \\ 0 & 1 & \dots & 0 & -a_2 \\ \vdots & \vdots & \ddots & \vdots & \vdots \\ 0 & 0 & \dots & 1 & -a_{n-1} \end{bmatrix}$$

연습문제 6.2 위의 다항식 $f(x)$와 그 동반행렬 A에 대하여, $f(A) = 0$이 됨을 확인하여라.

동반행렬은 특성다항식에 대입한 결과가 영행렬이 된다는 단순한 사실을 넘어 이후 대단히 중요한 역할을 한다.

6.5 최소다항식

다음 세 행렬의 특성방정식이 $(\lambda - 2)^3$이므로, 세 행렬은 케일리-해밀턴 정리에 의해 $(A - 2I)^3 = (B - 2I)^3 = (C - 2I)^3 = 0$를 만족한다.

$$A = \begin{bmatrix} 2 & 0 & 0 \\ 0 & 2 & 0 \\ 0 & 0 & 2 \end{bmatrix}, \quad B = \begin{bmatrix} 2 & 0 & 0 \\ 0 & 2 & 1 \\ 0 & 0 & 2 \end{bmatrix}, \quad C = \begin{bmatrix} 2 & 1 & 0 \\ 0 & 2 & 1 \\ 0 & 0 & 2 \end{bmatrix}$$

행렬 A의 경우, A에 대한 삼차식 $(A-2I)^3$ 대신 일차식 $A-2I$만으로도 0이 된다. 한편, 행렬 B의 경우, $B - 2I \neq 0$이지만, $(B - 2I)^2 = 0$이 된다. 행렬 C의 경우, 일차식 $C - 2I$과 이차식 $(C - 2I)^2$은 0이 아니고, $(C - 2I)^3 = 0$이 된다.

행렬 B, C는 하늘에서 떨어진 게 아니라, 제곱, 세제곱하여 0이 되는 적당한 행렬을 찾아 2I를 더한 것이다.

행렬 A와 행렬 B가 닮지 않았다는 것은, A가 대각화 가능하고 B는 대각화 가능하지 않다는 사실에서 알 수 있다. A와 C가 닮지 않았다는 것도 마찬가지이다. 그렇다면 B와 C는 닮은 행렬일까?

만약 B와 C가 닮았다면, 적당한 행렬 P에 대하여 $P^{-1}BP = C$가 성립한다. $(B - 2I)^2 = 0$이므로,

$$(C - 2I)^2 = (P^{-1}BP - 2I)^2 = (P^{-1}(B - 2I)P)^2 = P^{-1}(B - 2I)^2P = 0$$

이 되어야 하지만, 이것은 불가능하다. 따라서 B와 C는 닮은 행렬이 아니다.

이처럼 주어진 행렬을 대입하여 0이 되는 다항식 가운데 차수가 작은 것을 찾는 것은 그 행렬의 성질을 연구하는 데에 중요한 역할을 한다. 이런 다항식 가운데 차수가 가장 작으면서 최고차 항의 계수가 1인 것을 **최소다항식(minimal polynomial)**이라 한다. 즉, 세 행렬 A, B, C의 최소다항식은 각각 $x-2$, $(x-2)^2$, $(x-2)^3$이다.

최소다항식과 특성다항식 사이에는 다음과 같은 관계가 성립한다.

정리 6.5

행렬 A의 최소다항식은 특성다항식의 약수이다.

예를 들어, 위 세 행렬의 최소다항식은 모두 $(x-2)^3$의 약수이다.

Proof A의 특성다항식을 $\mathrm{char.poly_A}(x)$, 최소다항식을 $\mathrm{min.poly_A}(x)$라 하자. 일단 특성다항식 덕분에, A를 대입하여 0이 되는 다항식이 존재하므로, 이러한 $\mathrm{min.poly_A}(x)$가 존재하는 것은 분명하다. 차수가 최소라는 조건이 있으므로, $\deg \mathrm{min.poly_A}(x) \le \deg \mathrm{char.poly_A}(x)$이다.

이제 $\mathrm{char.poly_A}(x)$를 $\mathrm{min.poly_A}(x)$로 나누면,

$$\mathrm{char.poly_A}(x) = \mathrm{min.poly_A}(x)q(x) + r(x),$$
$$\deg r(x) < \deg \mathrm{min.poly_A}(x)$$

가 되는 다항식 $q(x)$와 $r(x)$가 존재한다. 이제 양변에 A를 대입하면,

나머지가 조건을 만족한다는 사실을 이용하는 이 아이디어는 대수학에서 널리 사용된다.

$$0 = \mathrm{char.poly_A}(\mathrm{A}) = \mathrm{min.poly_A}(\mathrm{A})q(\mathrm{A}) + r(\mathrm{A}) = r(\mathrm{A})$$

이므로 $r(\mathrm{A}) = 0$이 된다. 그러나 $\mathrm{min.poly_A}(x)$의 차수가 최소라고 하였으므로, $r(x)$는 그 자체로 0일 수밖에 없다. 즉,

$$\mathrm{char.poly_A}(x) = \mathrm{min.poly_A}(x)q(x)$$

가 되어야 한다.

따라서 $\mathrm{min.poly_A}(x)$는 $\mathrm{char.poly_A}(x)$의 약수이다. ■

위의 증명과 같은 방법으로 생각하면, $f(\mathrm{A}) = 0$이 되는 다항식 $f(x)$는 모두 최소다항식의 배수가 된다. 바꾸어 말하면, 최소다항식은 유일하게 결정된다.

최고차항의 계수가 1인 다항식 $f(x)$가 주어질 때, 이 다항식을 특성다항식으로 가지는 행렬인 동반행렬을 앞에서 다루었다. 그런데 이 다항식 $f(x)$는 동반행렬의 특성다항식일 뿐 아니라 최소다항식까지 된다. 즉, 동반행렬이란 다항식 $f(x)$를 최소다항식으로 가지는 행렬이기도 하다.

정리 6.6

최고차항의 계수가 1인 다항식 $f(x)$의 동반행렬을 A라 하면, A의 최소다항식은 $f(x)$이다.

Proof 행렬 A의 성분을 이용하여 직접 계산하는 것만으로도 $f(\mathrm{A}) = 0$을 보일 수 있지만, $f(x)$가 최소다항식이라는 것을 보이려면 좀더 많은 정보가 필요하다.

행렬 A를 n차원 공간에서 정의되는 선형사상으로 생각하고, 표준기저 벡터 $\mathbf{e}_i = (0, \dots, 0, 1, 0, \dots, 0)$를 이용하여 $\mathrm{A}^k\mathbf{e}_1$을 구하여 보면,

$$\mathrm{A}^k\mathbf{e}_1 = \begin{bmatrix} 0 & 0 & \cdots & 0 & -a_0 \\ 1 & 0 & \cdots & 0 & -a_1 \\ 0 & 1 & \cdots & 0 & -a_2 \\ \vdots & \vdots & \ddots & \vdots & \vdots \\ 0 & 0 & \cdots & 1 & -a_{n-1} \end{bmatrix}^k \begin{bmatrix} 1 \\ 0 \\ 0 \\ \vdots \\ 0 \end{bmatrix} = \mathbf{e}_{k+1} \qquad k = 1, 2, \dots, n-1$$

이다. 벡터 $\mathbf{e}_1, \mathbf{e}_2, \dots, \mathbf{e}_n$은 일차독립이므로 $\mathbf{e}_1, \mathrm{A}\mathbf{e}_1, \mathrm{A}^2\mathbf{e}_1, \dots, \mathrm{A}^{n-1}\mathbf{e}_1$의 어떤 일차결합도 $\mathbf{0}$이 될 수 없다. 따라서 $\mathrm{I}, \mathrm{A}, \mathrm{A}^2, \dots, \mathrm{A}^{n-1}$의 일차결합도 O이 될 수 없다. 즉, A의 최소다항식은 차수가 n보다 작을 수 없다. $f(\mathrm{A}) = 0$이고 $f(x)$의 차수가 n이므로, $f(x)$는 A의 최소다항식이다. ■

같은 방식으로 생각하면, 동반행렬의 전치행렬도 동반행렬과 같은 최소다항식을 갖는다.

$\mathbf{e}_1^{\mathrm{T}}(\mathrm{A}^{\mathrm{T}})^k$를 생각.

연습문제 6.3 최소다항식이 x^n인 n차 정사각행렬 A를 구하여라.

이 절 첫 부분에 나온 행렬 B와 C를 이 방법으로 찾았다.

서로 닮은 행렬의 최소다항식이 같으므로, 역으로 최소다항식을 이용하여 닮은 행렬을 분류할 수 있을지 생각하여 보자. 예를 들어, 주어진 다항식의 동반행렬과 그 전치행렬은 서로 닮았을까? 우선 행렬의 크기가 작은 경우부터 생각하여 보자.

행렬 A가 2차 정사각행렬이라면, A의 최소다항식은 1차식 또는 2차식이어야 한다. 최소다항식이 1차식이라면, $x-\alpha$ 꼴일 수밖에 없으므로, $A-\alpha I=O$이 되어 A는 항등행렬의 상수배가 된다. 따라서 A가 항등행렬의 상수배가 아니라면, A의 최소다항식과 특성다항식은 일치한다.

고등학교 문제집에서 C-H 정리를 이용할 때, I의 상수배인지 아닌지를 따지는 이유

만약 2차 정사각행렬 A의 고유값이 λ_1, λ_2이고 대각화 가능하다면 그 최소다항식은

닮은 행렬의 최소다항식은 서로 같으므로 $\begin{bmatrix} \lambda_1 & 0 \\ 0 & \lambda_2 \end{bmatrix}$의 최소다항식을 구하면 된다.

$$\text{min. poly}_A(x) = \begin{cases} (x-\lambda_1)(x-\lambda_2) & (\lambda_1 \neq \lambda_2\text{일 때}) \\ x-\lambda_1 & (\lambda_1 = \lambda_2\text{일 때}) \end{cases}$$

이 된다.

반대로, 만약 2차 정사각행렬 A의 최소다항식이 $(x-\lambda)^2$ 꼴이라면, A는 대각화할 수 없다.

보기 6.5 최소다항식이 $(x-2)^2$인 행렬 $A=\begin{bmatrix} 2 & 1 \\ 0 & 2 \end{bmatrix}$의 고유값은 2뿐이므로, A가 대각화 가능하다면 적당한 기저변환행렬 P에 대해 $A=P(2I)P^{-1}$가 되어야 한다. 그러나 $P(2I)P^{-1}=2I$이므로 $A=2I$가 되어 모순이다. ◇

연습문제 6.4 2차 정사각행렬 A의 고유값이 λ뿐이면서 대각화 가능하지 않으면

$AP = P\begin{bmatrix} \lambda & 1 \\ 0 & \lambda \end{bmatrix}$라 두고 마구 계산한다.

$$A = \begin{bmatrix} a & b \\ c & d \end{bmatrix} \sim \begin{bmatrix} \lambda & 1 \\ 0 & \lambda \end{bmatrix}$$

가 성립함을 보이시오.

마지막으로 남은 경우는 A의 특성다항식이 실근을 갖지 않는 기약이차다항식일 때이다. 이 경우는 8장에서 다시 다룬다.

3차 정사각행렬에 대하여 생각하여 보자. 3차 정사각행렬 A의 특성다항식이 세 개의 실수해를 갖지 않으면 애초에 대각화를 생각할 수 없으므로, 특성다항식이 실수 범위에서 세 개의 해를 갖는 경우만 생각하자. 만약 세 근이 서로 다르다면, A는 대각화 가능하므로, 특성다항식이 중근을 갖는 경우를 생각하자.

먼저 3차 정사각행렬 A의 특성다항식이 $(x-\lambda)^3$이라고 하자. A의 최소다항식은

$$x-\lambda, \quad (x-\lambda)^2, \quad (x-\lambda)^3$$

가운데 하나이고, 세 다항식 모두 적당한 3차 정사각행렬의 최소다항식이 될 수 있다. (p.85)

이번에는 A의 특성다항식이 $\text{char. poly}_A(x) = (x-\lambda_1)^2(x-\lambda_2)$이고 $\lambda_1 \neq \lambda_2$라 하자. 이 때 A의 최소다항식 $\text{min. poly}_A(x)$는

$$x-\lambda_1, \quad (x-\lambda_1)^2, \quad x-\lambda_2, \quad (x-\lambda_1)(x-\lambda_2), \quad (x-\lambda_1)^2(x-\lambda_2)$$

가운데 하나이다.

만약 $\text{min. poly}_A(x) = x-\lambda_1$이라면 $A = \lambda_1 I$이므로, $(x-\lambda_1)^2(x-\lambda_2)$가 A의 특성다항식이 될 수 없다. $x-\lambda_2$도 마찬가지. 만약 $\text{min. poly}_A(x) = (x-\lambda_1)^2$이라면,

$$\text{min. poly}_A(A) = (A-\lambda_1 I)^2 = A^2 - 2\lambda_1 A + \lambda_1^2 I = O$$

이 된다. 특성다항식의 해는 고유값이 되므로, A의 고유값 λ_2에 대한 고유벡터 $\mathbf{v}(\neq \mathbf{0})$가 존재한다. 그러면

$$\begin{aligned}(A^2 - 2\lambda_1 A + \lambda_1^2 I)\mathbf{v} &= A^2\mathbf{v} - 2\lambda_1 A\mathbf{v} + \lambda_1^2 I\mathbf{v} \\ &= \lambda_2^2\mathbf{v} - 2\lambda_1\lambda_2\mathbf{v} + \lambda_1^2\mathbf{v} = (\lambda_2-\lambda_1)^2\mathbf{v} = \mathbf{0}\end{aligned}$$

이 되어 $\lambda_2 = \lambda_1$이 된다. 따라서 $(x-\lambda_1)^2$도 A의 최소다항식이 될 수 없고,

$$(x-\lambda_1)(x-\lambda_2) \quad \text{또는} \quad (x-\lambda_1)^2(x-\lambda_2)$$

만이 가능하다. 2차 정사각행렬의 최소다항식에 대한 결과를 생각하면, 위의 두 다항식을 최소다항식으로 하는 두 행렬

두 다항식을 최소다항식으로 하는 행렬은 모두 이 두 행렬 가운데 하나와 닮았을까?

$$\begin{bmatrix} \lambda_1 & 0 & 0 \\ 0 & \lambda_1 & 0 \\ 0 & 0 & \lambda_2 \end{bmatrix} \text{와} \begin{bmatrix} \lambda_1 & 1 & 0 \\ 0 & \lambda_1 & 0 \\ 0 & 0 & \lambda_2 \end{bmatrix}$$

를 찾을 수 있다.

일반적으로 어떤 정사각행렬의 특성다항식이

$$(x-\lambda_1)^{n_1}(x-\lambda_2)^{n_2}\cdots(x-\lambda_r)^{n_r}$$

이고 λ_i 들이 서로 다르다면, 이 행렬의 최소다항식은

$$(x-\lambda_1)^{k_1}(x-\lambda_2)^{k_2}\cdots(x-\lambda_r)^{k_r}$$

$k_i \neq 0$ 이라는 데 주의

꼴이고 $1 \le k_i \le n_i$ 이다.

연습문제 6.5 모든 성분이 실수이면서 $A^2+A+I=O$ 인 3차 정사각행렬 A는 존재하지 않음을 설명하여라.

최소다항식이 일차식인 행렬은 항등행렬의 상수배와 닮았으므로, 만약 어떤 행렬의 최소다항식이 서로 다른 일차식의 곱으로 인수분해된다면, 그 행렬은 대각화 가능하다. 반대로 최소다항식이 서로 다른 일차식의 곱이 아니면 그 행렬은 대각화가 불가능하다.

정리 6.7

행렬 A가 대각화 가능할 필요충분조건은 최소다항식 $\mathrm{min.\,poly}_A(x)$ 가 서로 다른 일차식의 곱으로 완전히 인수분해되는 것이다.

보기 6.6 다음 행렬 A가 대각화 가능한지 알아보자.

$$A=\begin{bmatrix}1&1&-1&1\\0&2&-1&1\\-2&2&3&0\\-2&2&0&3\end{bmatrix}$$

행렬 A의 특성다항식 $\mathrm{char.\,poly}_A(x)$ 를 구하면 다음과 같다.

$$\begin{aligned}\mathrm{char.\,poly}_A(x)&=x^4-9x^3+29x^2-39x+18\\&=(x-1)(x-2)(x-3)^2\end{aligned}$$

최소다항식 $\mathrm{min.\,poly}_A(x)$ 는

$$(x-1)(x-2)(x-3)\text{이거나 }(x-1)(x-2)(x-3)^2$$

이어야 하므로, $(A-I)(A-2I)(A-3I)$ 를 계산한 결과가 영행렬인지 아닌지만 조사하면 되고, 실제 이 값이 영행렬이므로,

$$\mathrm{min.\,poly}_A(x)=(x-1)(x-2)(x-3)$$

이 된다. 이 식은 서로 다른 일차식의 곱이므로 A는 대각화 가능하다. 네 개의 고유값이 각각 $1, 2, 3, 3$ 이므로,

$$A \sim \begin{bmatrix} 1 & 0 & 0 & 0 \\ 0 & 2 & 0 & 0 \\ 0 & 0 & 3 & 0 \\ 0 & 0 & 0 & 3 \end{bmatrix}$$

임을 알 수 있다. ◇

연습문제 6.6 행렬 A가 $A^3 = A$를 만족하는 n차 정사각행렬이라 하자. 행렬 A는 대각화 가능함을 보이시오.

이상의 관찰로부터 3차 정사각행렬은 특성다항식과 최소다항식만으로 닮은 행렬을 결정할 수 있음을 알 수 있다. 또한, 4차 이상의 행렬에 대해서도, 그 행렬의 모든 고유값의 대수적 중복도가 3보다 작거나 같다면, 최소다항식을 이용하여 닮은 행렬을 완전히 결정할 수 있다. 그러나 고유값의 대수적 중복도가 3보다 크다면, 단순히 특성다항식과 최소다항식만으로는 닮은 행렬을 결정할 수 없다. 예를 들어, 다음 두 행렬

$$\begin{bmatrix} 2 & 1 & 0 & 0 \\ 0 & 2 & 0 & 0 \\ 0 & 0 & 2 & 1 \\ 0 & 0 & 0 & 2 \end{bmatrix} \text{와} \begin{bmatrix} 2 & 0 & 0 & 0 \\ 0 & 2 & 0 & 0 \\ 0 & 0 & 2 & 1 \\ 0 & 0 & 0 & 2 \end{bmatrix}$$

의 최소다항식은 $(x-2)^2$으로 서로 같다. 그러나 고유값 2에 대한 기하적 중복도가 서로 다르므로, 두 행렬은 닮을 수가 없다. 고유값을 구할 수 있는 경우는 기하적 중복도를 이용할 수 있지만, 고유값을 구하기 힘든 경우에는 두 행렬이 서로 닮았는지를 판별하기 위해 더욱 정교한 도구가 필요하다. 여기에 대해서는 여덟째 날에서 다루기로 한다.

첫 번째 행렬의 경우 중복도 2,
두 번째 행렬의 경우 중복도 3.

6.6 마르코프 과정*

어떤 상태가 일정한 시간 간격으로 변하고, 다음 상태는 현재 상태에만 의존하여 확률적으로 변하는 경우, 이 상태의 변화를 마르코프 과정(Markov process)이라 부른다. 마르코프 과정에서는 현재 상태에 따라서만 다음 상태가 결정되며, 현재 상태에 이르기까지의 과정은 전혀 고려할 필요가 없다.

어떤 실제 현상이 마르코프 과정을 따르는 경우, 충분한 시간이 지난 후에 어떤 상태가 되는지를 파악하는 것이 중요한 경우가 많다. 예를 들어, 어느 지역의 날씨를 조사하니, 맑은 날 다음 날은 90%의 확률로 맑고 10%의 확률로 비가 오며, 비 온 날 다음 날은 50%의 확률로 맑은 날이 되고 50%의 확률로 비가 온다고 하자. 오늘의 날씨가 맑다면, 내일의 날씨는 맑을 확률 90%, 비 올 확률 10%이고 다시 그 다음 날은 맑을 확률 86%, 비 올 확률 14%가 된다. n번째 날의 날씨를 $\mathbf{x}_n =$ (맑을 확률, 비 올 확률)로 나타내면, 이 과정은 다음과 같이 행렬을 이용하여 나타낼 수 있다.

$$\mathrm{A} = \begin{bmatrix} 0.9 & 0.5 \\ 0.1 & 0.5 \end{bmatrix}, \qquad \mathbf{x}_{n+1} = \mathrm{A}\mathbf{x}_n$$

행렬 A처럼 모든 성분이 0보다 크거나 같고, 각 열의 합이 1이 되는 행렬을 (열)확률행렬((column) stochastic matrix)이라 한다. 오늘로부터 10일째의 날씨가 어떨지를 알아보자. 이를 위해서는 $\mathrm{A}^9\mathbf{x}_1$을 계산하여야 한다. 행렬 A의 고유값과 고유벡터가

$$\lambda_1 = 1, \mathbf{v}_1 = (5, 1); \quad \lambda_2 = 0.4, \mathbf{v}_2 = (-1, 1)$$

이므로,

$$\mathrm{A} = \begin{bmatrix} 5 & -1 \\ 1 & 1 \end{bmatrix} \begin{bmatrix} 1 & 0 \\ 0 & 0.4 \end{bmatrix} \begin{bmatrix} 5 & -1 \\ 1 & 1 \end{bmatrix}^{-1}$$

로 대각화할 수 있다. 따라서 $\mathbf{x}_1 = (1, 0)$이라면

$$\mathrm{A}^9\mathbf{x}_1 = \begin{bmatrix} 5 & -1 \\ 1 & 1 \end{bmatrix} \begin{bmatrix} 1 & 0 \\ 0 & 0.4 \end{bmatrix}^9 \begin{bmatrix} 5 & -1 \\ 1 & 1 \end{bmatrix}^{-1} \begin{bmatrix} 1 \\ 0 \end{bmatrix} = \begin{bmatrix} 0.833377 \\ 0.166623 \end{bmatrix}$$

이 된다. 시간이 충분히 많이 흐르면 $\lim_{n\to\infty} \mathrm{A}^n\mathbf{x}_1$을 계산해야 하고

$$\begin{aligned} \lim_{n\to\infty} \mathrm{A}^n &= \lim_{n\to\infty} \begin{bmatrix} 5 & -1 \\ 1 & 1 \end{bmatrix} \begin{bmatrix} 1 & 0 \\ 0 & 0.4 \end{bmatrix}^n \begin{bmatrix} 5 & -1 \\ 1 & 1 \end{bmatrix}^{-1} \\ &= \begin{bmatrix} 5 & -1 \\ 1 & 1 \end{bmatrix} \begin{bmatrix} \lim_{n\to\infty} 1^n & 0 \\ 0 & \lim_{n\to\infty} 0.4^n \end{bmatrix} \begin{bmatrix} 5 & -1 \\ 1 & 1 \end{bmatrix}^{-1} \\ &= \begin{bmatrix} 5 & -1 \\ 1 & 1 \end{bmatrix} \begin{bmatrix} 1 & 0 \\ 0 & 0 \end{bmatrix} \begin{bmatrix} 5 & -1 \\ 1 & 1 \end{bmatrix}^{-1} \\ &= \begin{bmatrix} \frac{5}{6} & \frac{5}{6} \\ \frac{1}{6} & \frac{1}{6} \end{bmatrix} \end{aligned}$$

이므로 $\mathbf{x}_1$ 에 상관없이 $\lim_{n\to\infty} A^n \mathbf{x}_1 = \left(\frac{5}{6}, \frac{1}{6}\right)$ 이 된다. 바꾸어 말하면, 장기간으로 이 지역의 날씨를 관찰하면, 맑은 날과 비 온 날의 비율이 대체로 5:1이 된다는 뜻이다.

물론 위와 같이 대각화를 하지 않더라도, $\mathbf{y} = \lim_{n\to\infty} x_n$ 으로 두고,

$$\mathbf{y} = A\mathbf{y}$$

를 만족하는 벡터 $\mathbf{y}$를 구해도 된다.

고유값 1에 대한 고유벡터를 구하는 셈이다.

연습문제 6.7 어떤 도시 A는 농촌 지역 B와 접하고 있다. 매년 A지역 인구의 10%가 B지역으로 이주하고 B지역 인구의 30%가 A지역으로 이주한다. 인구의 증감이나 외부 유입이 전혀 없다고 가정할 때, 두 지역의 인구비는 어떤 값에 수렴하는지 구하여라.

앞에서 확률행렬 A를 대각화하는 과정을 살펴보면, 고유값들 가운데 가장 큰 것이 1이 되어야 $\lim_{n\to\infty} A^n$ 의 의미가 있음을 알 수 있다. 실제로 모든 확률행렬은 다음의 페론-프로베니우스(Perron-Frobenius) 정리에 의해 가장 큰 고유값으로 1을 가진다.

정리 6.8 (페론-프로베니우스 정리)

행렬 A는 확률행렬이며, 적당한 n에 대하여 A^n 의 모든 성분이 0보다 크다고 하자. 이 때, 다음이 성립한다.

1. A의 고유값 가운데 절대값이 가장 큰 것은 1이다.
2. 고유값 1의 대수적 중복도는 1이다.
3. 고유값 1에 대응하는 고유벡터의 모든 성분이 0보다 크게 만들 수 있다.

정확히는 일반적인 P-F 정리를 확률행렬에 적용한 결과.

Proof 완전한 증명을 쓰는 것은 이 책의 집필 목적과 어긋나므로 생략. 게다가 이 절에는 별표(*)가 붙어 있다. ■

앞서 보았던 확률행렬 A의 경우, 절대값이 가장 큰 고유값은 1이며 대수적 중복도는 1이고 대응하는 고유벡터는 (5, 1)이 되어 위 정리의 내용을 만족한다.

페론-프로베니우스 정리는 다양한 분야에 적용되는 대단히 유용한 정리이다. 예를 들어 구글(Google) 검색 엔진의 기반이 되는 페이지랭크(PageRank)의 원리도 이 정리를 바탕으로 하고 있다.

일곱째 날

Around Linear Algebra In 8 Days

복소벡터공간

인생은 복소수와 같다. 실제적인 부분(real part)과
가상적인 부분(imaginary part)으로 이루어져 있기 때문에.

7.1 스칼라

벡터 공간은 덧셈과 상수배가 잘 정의되는 구조를 뜻한다. 지금까지 "상수배"는 실수(real number)를 곱하는 것으로 생각하였다. 벡터의 모티브가 물리의 힘이었음을 생각하면, 힘을 상수배한다는 것은 방향은 그대로 두고 적당한 수를 곱하여 그 크기(=실수)를 마음대로 바꿀 수 있다는 뜻이 된다. 이런 점에서 "상수배"라는 연산은 항상 곱셈과 나눗셈이 자유로운 수를 곱하는 것으로 생각하게 되고, 벡터의 합과 함께 생각하면 이 수들은 덧셈과 뺄셈도 자유로워야 한다. 방정식 관점에서 생각하면, 연립일차방정식을 풀 수 있기 위해서는 그 계수들 사이의 사칙연산이 자유로워야 한다. 이와 같이 사칙연산이 자유로운 구조를 특별히 **체**(體, field)라 한다. 힘 조절?

벡터 공간의 상수배가 반드시 실수를 곱하는 것일 필요는 없다. 예를

들어, 다음 집합은 유리수를 곱하는 것을 상수배로 생각할 때 벡터 공간의 구조를 가진다.

$$\mathbb{Q} \times \mathbb{Q} = \{(a, b) \mid a, b \in \mathbb{Q}\}$$

같은 식으로 복소수배를 이용한 벡터 공간도 가능하다.

$$\mathbb{C} \times \mathbb{C} = \{(a, b) \mid a, b \in \mathbb{C}\}$$

즉, 스칼라란 체의 원소를 벡터공간의 관점에서 부르는 것

체 F 위에서 정의되는 벡터공간을 간단히 F-벡터공간이라 한다.

이때, 벡터 공간의 상수배가 정의되는 실수, 유리수, 복소수 등을 스칼라(scalar)라 한다. 기저를 이용하여 벡터 공간을 순서열로 나타낼 수 있음을 생각하면, (유한 차원) 벡터 공간이란 스칼라인 체 F를 여러 번 곱한 곱집합 F × F × ⋯ × F로 생각할 수 있다. 특히, 스칼라가 실수인 벡터 공간을 실벡터공간(real vector space), 스칼라가 복소수인 벡터 공간을 복소벡터공간(complex vector space)이라 한다.

집합으로는 같으면서, 스칼라에 따라 전혀 다른 구조를 가지는 경우가 있다. 예를 들어, 복소수의 집합 $\mathbb{C}$는 실수를 스칼라로 생각하면 1과 i가 기저가 되는 2차원 실벡터공간이고, 복소수를 스칼라로 생각하면 1이 기저가 되는 1차원 복소벡터공간이다. 이런 점에서, 적당한 집합 V, 적당한 체 F, 적당한 덧셈 연산 +, 적당한 상수배 연산 ·의 네 요소로 이루어진 순서조 (V, F, +, ·)를 벡터공간이라 할 수 있다.

연습문제 7.1 체 F의 원소를 스칼라로 하는 벡터공간 V의 차원을 $\dim_F V$로 나타낼 때, $\dim_{\mathbb{R}}(\mathbb{C} \times \mathbb{C})$와 $\dim_{\mathbb{C}}(\mathbb{C} \times \mathbb{C})$를 구하여라.

7.2 복소내적공간

복소벡터공간에 내적이 정의되어 있는 것을 특별히 복소내적공간(complex inner space)이라 부른다. 복소벡터공간의 내적은 실벡터공간의 내적과 비슷하면서도 큰 차이가 있다. 유한차원 복소벡터공간은 복소수를 성분으로 하는 순서열들의 집합으로 생각할 수 있으므로, 실벡터공간의 내적을 흉내내면 다음과 같이 내적을 정의할 수 있다.

순진한 정의

$$(a_1, a_2, \ldots, a_n) \cdot (b_1, b_2, \ldots, b_n) = a_1 b_1 + a_2 b_2 + \ldots + a_n b_n$$

그러나 내적을 이와 같이 정의하면 한 가지 큰 문제가 생긴다. 예를 들어, 복소벡터 $(1, i)$의 놈을 이 내적을 이용하여 구하면

$$\|(1, i)\| = \sqrt{(1, i) \cdot (1, i)} = \sqrt{1^2 + i^2} = 0$$

이 되어, 영벡터가 아닌 벡터의 놈이 0이 되는 일이 생긴다. 이런 이유로 복소벡터공간의 (표준) 내적은 다음과 같이 정의한다.

$$(a_1, a_2, \dots, a_n) \cdot (b_1, b_2, \dots, b_n) = a_1\overline{b}_1 + a_2\overline{b}_2 + \dots + a_n\overline{b}_n$$

올바른 정의

실수의 경우 켤레복소수가 자기 자신과 같으므로, 뒤집어 생각하면 복소벡터공간의 내적이 특이하게 정의된다기보다, 실벡터공간의 내적이 복소벡터공간의 내적의 특별한 경우라고 생각할 수 있다. 이 내적으로부터 만들어지는 복소벡터의 놈은 원점에서 그 복소벡터까지 이르는 거리를 나타내므로 놈의 뜻에 잘 부합한다.

위의 정의를 일반화하면, 복소벡터공간의 내적은 다음과 같은 성질을 갖는 함수

$$\langle \cdot, \cdot \rangle : \mathrm{V} \times \mathrm{V} \to \mathbb{C}$$

라 할 수 있다.

- $\langle \mathrm{x}, \mathrm{y} \rangle = \overline{\langle \mathrm{y}, \mathrm{x} \rangle}$
- $\langle \mathrm{x}_1 + \mathrm{x}_2, \mathrm{y} \rangle = \langle \mathrm{x}_1, \mathrm{y} \rangle + \langle \mathrm{x}_2, \mathrm{y} \rangle$, $\langle a\mathrm{x}, \mathrm{y} \rangle = a\langle \mathrm{x}, \mathrm{y} \rangle$
  $\langle \mathrm{x}, \mathrm{y}_1 + \mathrm{y}_2 \rangle = \langle \mathrm{x}, \mathrm{y}_1 \rangle + \langle \mathrm{x}, \mathrm{y}_2 \rangle$, $\langle \mathrm{x}, a\mathrm{y} \rangle = \overline{a}\langle \mathrm{x}, \mathrm{y} \rangle$
- $\mathrm{x} \neq \mathbf{0}$일 때 $\langle \mathrm{x}, \mathrm{x} \rangle > 0$

a가 아니라 $\overline{a}$가 빠져나온다는 데 주의

앞서 실벡터공간의 내적을 행렬의 곱을 이용하여 나타내었던 것처럼 복소벡터공간의 내적 또한 행렬의 곱을 이용하여 나타낼 수 있다. 이때 실벡터공간의 경우 대칭행렬을 이용하여 내적을 나타낼 수 있지만, 복소벡터공간에서 대칭행렬을 이용하면 내적의 성질을 만족하지 않는 경우가 있다. 이런 이유로 실벡터공간의 대칭행렬에 대응하는 복소벡터공간의 행렬을 따로 정의할 필요가 있다. 이런 행렬을 **에르미트 행렬(Hermitian matrix)**이라 하며,

$$\mathrm{A}^{\mathrm{T}} = \overline{\mathrm{A}}$$

에르미트(Charles Hermite, 1822~1901): 프랑스의 수학자

$\overline{\mathrm{A}} = \overline{[a_{ij}]} := [\overline{a_{ij}}]$

가 성립하는 행렬을 뜻한다. 행렬 A의 전치행렬(transpose)을 구한 다음 각 성분을 켤레(conjugate)인 복소수로 바꾼 것을 A^*로 나타내면, 에르미

$\overline{A^T} = \overline{\overline{A}} = A$

트 행렬은 $A^* = A$가 성립하는 행렬이라 할 수 있다. 이 행렬 A^*를 A의 켤레전치(conjugate transpose), 또는 수반행렬(adjoint matrix)이라 부른다. 내적의 경우와 마찬가지로, 성분이 실수인 대칭행렬은 에르미트 행렬의 특수한 경우로 생각할 수 있다.

$A^* = \overline{A^T} = \overline{A}^T$

연습문제 7.2 성분이 복소수인 정사각행렬 A에 대하여

$$\overline{A^T} = \overline{A}^T, \qquad (A^*)^* = A$$

가 성립함을 보여라.

행렬 A가 에르미트 행렬일 때, 복소벡터공간의 일반적인 내적 $\langle x, y\rangle$을 y^*Ax로 나타낼 수 있다. 이 계산 결과는 1×1 행렬이므로,

$$\overline{y^*Ax} = (y^*Ax)^* = x^*A^*(y^*)^* = x^*Ay$$

가 되어, $\overline{\langle x, y\rangle} = \langle y, x\rangle$가 성립한다.

연습문제 7.3 일반적인 복소행렬 A에 대하여 $(Ax) \cdot y = x \cdot (A^*y)$임을 보여라.

실벡터공간에서 표준내적을 보존하는 변환을 나타내는 행렬을 직교행렬(orthogonal matrix)이라고 한 것처럼 복소벡터공간에서 표준내적을 보존하는 변환을 생각할 수 있다. 정사각행렬 U를 왼쪽에 곱하는 것이 그러한 변환이라면, $x \cdot y = y^*x$이므로

$$(Ux) \cdot (Uy) = (Uy)^*(Ux) = y^*(U^*U)x$$

정리 1.1 덕분에 $U^*U = I$이면 $UU^* = I$이다.

에서 $U^*U = I$가 되어야 한다. 이와 같이 $U^*U = UU^* = I$를 만족하는 행렬 U를 유니터리 행렬(unitary matrix)이라 한다. 직교행렬은 성분이 실수이면서 $A^TA = AA^T = I$이므로 유니터리 행렬의 특수한 경우라 할 수 있다.

$\|Uv\| = |\lambda|\|v\|$

연습문제 7.4 복소수 λ가 유니터리 행렬 U의 고유값일 때, $|\lambda| = 1$임을 보여라.

복소벡터공간에 내적이 정의되어 있다면, 그람-슈미트 직교화 과정(정리 4.3)을 이용하여 직교기저를 구성할 수 있다. 이 사실을 확인하려면,

두 벡터 $\mathbf{v}$와 $\mathbf{w}$에 대하여,

$$\left\langle \mathbf{v}, \mathbf{w} - \frac{\langle \mathbf{w}, \mathbf{v} \rangle}{\langle \mathbf{v}, \mathbf{v} \rangle} \mathbf{v} \right\rangle = 0$$

만 확인하면 된다.

연습문제 7.5 위의 등식을 확인하여라.

이런 건 당연히 연습문제!

7.3 복소행렬의 대각화

모든 성분이 실수인 실행렬을 기저변환행렬을 이용하여 대각화하던 것처럼 모든 성분이 복소수인 복소행렬을 대각화하여 보자. 물론 실행렬과 마찬가지로 모든 복소행렬을 대각화할 수 있는 것은 아니다.

보기 6.2 참조

일반적으로 주어진 행렬을 대각화하는 것은 고유값과 고유벡터를 구하는, 길고 복잡한 과정을 거쳐야 한다. 따라서 고유값과 고유벡터를 직접 구하지 않고도 대각화 가능성을 판별할 수 있다면 대단히 유용할 것이다.

복소행렬 A가 $D = P^{-1}AP$로 대각화되었다고 하자. 양변을 제곱한 $D^2 = (P^{-1}AP)^2 = P^{-1}A^2P$와 같은 계산은 D가 대각행렬이라는 사실을 이용하지 않고 있으므로 별다른 정보를 주지 못한다.

이번에는 D를 변형하여 D^*를 생각하여 보자. 이 경우,

사실 대각행렬 D를 변형한다고 해 봐야 D^* 정도밖에 없다.

$$DD^* = P^{-1}AP(P^{-1}AP)^* = P^{-1}APP^*A^*(P^*)^{-1}$$
$$D^*D = (P^{-1}AP)^*P^{-1}AP = P^*A^*(P^*)^{-1}P^{-1}AP$$

이고, D와 D^*가 대각행렬이라는 사실로부터 $DD^* = D^*D$가 성립한다.

만약 대각화에 사용된 기저변환행렬 P가 $PP^* = P^*P = I$를 만족한다면 위의 두 등식은 A와 A^*의 곱에 대한 것으로 간단하게 정리될 수 있다. 즉, 행렬 A가 유니터리 행렬 U를 이용하여 $D = U^*AU$로 대각화된다면,

$$DD^* = U^*AU(U^*AU)^* = U^*AUU^*A^*U = U^*AA^*U$$
$$D^*D = (U^*AU)^*U^*AU = U^*A^*UU^*AU = U^*A^*AU$$

로부터

$$AA^* = A^*A$$

가 성립한다. 행렬 A와 같이 이 등식을 만족하는 행렬을 **정규행렬**(normal matrix)이라 한다. 이상의 관찰을 다시 말하면, 어떤 행렬을 유니터리

행렬을 이용하여 대각화할 수 있다면 그 행렬은 정규행렬이 된다고 할 수 있다. 유니터리 대각화라는 특수한 경우를 고려하고 있으므로 매우 제한적인 결과로 보이지만, 놀랍게도(?) 이 명제의 역 또한 성립한다.

그냥 대각화된다고만 해도 감지덕지할 상황에.

정리 7.1

행렬 A가 정규행렬이면 A는 유니터리 행렬로 대각화할 수 있다.

이 정리는 다음 보조정리를 이용하여 증명할 수 있다.

보조정리 7.2 (슈어의 보조정리)

임의의 복소행렬 $A \in \mathrm{Mat}_n(\mathbb{C})$에 대하여, U^*AU가 상삼각행렬이 되게하는 적당한 유니터리 행렬 U가 존재한다.

슈어(Issai Schur, 1875~1941): 독일의 수학자

Proof 행렬의 크기 n에 대한 수학적 귀납법으로 증명한다. 먼저 $n = 1$인 경우, A 자체가 상삼각행렬이므로 보조정리가 성립한다. 이제 $(n-1)$차 복소정사각행렬에 대해 보조정리가 성립한다고 가정하고 n차 복소정사각행렬 A에 대하여 보조정리의 U를 찾아보자.

행렬 A의 고유값 λ_1에 대응하는 고유벡터 $\mathbf{v} \in \mathbb{C}^n$가 $\|\mathbf{v}\| = 1$을 만족한다고 하자.

그람-슈미트 직교화 과정을 이용하여, $\mathbb{C}^n$의 정규직교기저 $\{\mathbf{v}, \mathbf{u}_2, \dots, \mathbf{u}_n\}$을 찾을 수 있다. 이 기저벡터들을 나열하여 행렬

$$U_1 = \begin{bmatrix} \mathbf{v} & \mathbf{u}_2 & \dots & \mathbf{u}_n \end{bmatrix}$$

을 만들면, U_1은 유니터리 행렬이 된다. 이제 $U_1^*AU_1$을 계산하면,

$$\begin{aligned} U_1^*AU_1 &= \begin{bmatrix} \mathbf{v} & \mathbf{u}_2 & \dots & \mathbf{u}_n \end{bmatrix}^* A \begin{bmatrix} \mathbf{v} & \mathbf{u}_2 & \dots & \mathbf{u}_n \end{bmatrix} \\ &= \begin{bmatrix} \mathbf{v} & \mathbf{u}_2 & \dots & \mathbf{u}_n \end{bmatrix}^* \begin{bmatrix} A\mathbf{v} & A\mathbf{u}_2 & \dots & A\mathbf{u}_n \end{bmatrix} \\ &= \begin{bmatrix} \mathbf{v}^* \\ \mathbf{u}_2^* \\ \vdots \\ \mathbf{u}_n^* \end{bmatrix} \begin{bmatrix} \lambda_1 \mathbf{v} & A\mathbf{u}_2 & \dots & A\mathbf{u}_n \end{bmatrix} = \begin{bmatrix} \lambda_1 & \mathbf{v}^*A\mathbf{u}_2 & \dots & \mathbf{v}^*A\mathbf{u}_n \\ 0 & & & \\ \vdots & & B & \\ 0 & & & \end{bmatrix} \end{aligned}$$

가 된다. B가 $(n-1)$차 정사각행렬이므로 귀납법 가정에 의해 적당한 유니터리 행렬 U_2가 존재하여 $U_2^* B U_2$가 상삼각행렬이 된다. 따라서

$$U = U_1 \begin{bmatrix} 1 & 0 & \dots & 0 \\ 0 & & & \\ \vdots & & U_2 & \\ 0 & & & \end{bmatrix}$$

라 하면, U는 조건을 만족하는 유니터리 행렬이 된다. ■

정리 7.1은 다음과 같이 증명할 수 있다.

Proof of Theorem 7.1

슈어의 보조정리에 의해 $T = U^* A U$가 상삼각행렬이 되는 유니터리 행렬 U가 존재한다. 행렬 A가 정규행렬이므로

$$TT^* = (U^*AU)(U^*AU)^* = U^*AA^*U = U^*A^*AU = (U^*AU)^*(U^*AU) = T^*T$$

가 된다. TT^*와 T^*T의 1행 1열 성분을 계산해 보면,

$$|T_{11}|^2 + |T_{12}|^2 + \cdots + |T_{1n}|^2 = |T_{11}|^2$$

이 되어, $T_{12} = \cdots = T_{1n} = 0$이 된다. 같은 식으로 TT^*와 T^*T의 대각성분을 계산해 보면 T는 대각성분을 제외한 모든 성분이 0이 된다. ■

에르미트 행렬과 유니터리 행렬은 모두 정규행렬이므로, 이런 행렬들은 유니터리 행렬로 대각화할 수 있다. 대칭행렬도 정규행렬이므로, 주축정리(정리 6.3)는 이 정리의 특수한 경우라 할 수 있다. 따라서, 주축정리를 증명하려면 대각화된 행렬의 대각성분, 즉 고유값들이 모두 실수라는 사실과 대각화에 사용된 유니터리 행렬의 성분도 모두 실수라는 사실만 추가로 증명하면 된다. 첫 번째 사실은 대칭행렬인 경우뿐 아니라 에르미트 행렬인 경우에 대해서도 성립한다.

정리 7.3

행렬 $A \in \mathrm{Mat}_n(\mathbb{C})$가 에르미트 행렬이면 A는 중복을 허락하여 n개의 실수인 고유값을 가진다.

Proof 행렬 A는 n개의 복소수인 고유값을 가진다. 고유값 λ에 대응하는 고유벡터를 $\mathbf{v}$라 하자. 즉, $A\mathbf{v} = \lambda\mathbf{v}$이다. $A\mathbf{v}$와 $\mathbf{v}$의 내적을 계산해 보면,

$$A\mathbf{v} \cdot \mathbf{v} = (\lambda\mathbf{v}) \cdot \mathbf{v} = \lambda(\mathbf{v} \cdot \mathbf{v})$$

이고, $A\mathbf{v} \cdot \mathbf{v} = \mathbf{v} \cdot A^*\mathbf{v}$이므로,

A가 에르미트 행렬이므로 $A = A^*$

$$\mathbf{v} \cdot A^*\mathbf{v} = \mathbf{v} \cdot A\mathbf{v} = \mathbf{v} \cdot (\lambda\mathbf{v}) = \bar{\lambda}(\mathbf{v} \cdot \mathbf{v})$$

로부터 $\lambda = \bar{\lambda}$가 성립함을 알 수 있다. ■

이제 대칭행렬 A와 실수 λ에 대하여 방정식 $(A - \lambda I)\mathbf{x} = \mathbf{0}$을 가우스 소거법으로 푼다고 생각하면, 그 해인 고유벡터를 $\mathbb{R}^n$에서 찾을 수 있다. 그러면 고유벡터들로 이루어진 기저변환행렬 U는 유니터리 행렬이면서 모든 성분이 실수이므로, U는 직교행렬이 된다.

여덟째 날

Around Linear Algebra In 8 Days

분해 정리

분할하여 정복하라 (Divide et impera).
—율리우스 카이사르 (Julius Caesar)

8.1 조르당 표준형

일반적으로 행렬을 이용한 계산, 특히 행렬의 거듭제곱은 대단히 복잡하여 일반적인 형태를 구하기가 어렵다. 다행히 주어진 행렬을 대각화할 수 있다면 계산이 간단해지지만, 불행히도 모든 행렬이 대각화 가능한 것은 아니다. 그렇다면 대각화까지는 몰라도 최대한 대각화 비슷한 모양까지 변형할 수 있다면 도움이 되지 않을까? 문제는 무엇을 대각화 비슷한 것으로 정할 것이냐이다.

변증법적 결론이라고나 할까.

"대각행렬 비슷한 것"에는 여러 가지가 있겠지만, 6장에서 예를 들었던 다음 행렬 가운데 행렬 B와 C를 대각행렬 비슷한 것으로 생각하는 것이 합리적일 것이다.

$$A = \begin{bmatrix} 2 & 0 & 0 \\ 0 & 2 & 0 \\ 0 & 0 & 2 \end{bmatrix}, \qquad B = \begin{bmatrix} 2 & 0 & 0 \\ 0 & 2 & 1 \\ 0 & 0 & 2 \end{bmatrix}, \qquad C = \begin{bmatrix} 2 & 1 & 0 \\ 0 & 2 & 1 \\ 0 & 0 & 2 \end{bmatrix}$$

어떤 행렬 M을 변형하여 위의 행렬 B로 만들 수 있다고 하자. 즉,

$$P^{-1}MP = B$$

라고 하자. 행렬 M이 대각화 가능한 경우는 고유벡터 세 개를 나열하여 행렬 P를 만들면 되지만, 지금은 고유벡터가 두 개뿐이므로 (각각의 고유값을 λ_1, λ_2라 하자) P를 만들기 위해서는 제 3의 열벡터가 필요하다. 행렬 P의 세 열벡터를 $\mathbf{v}_1, \mathbf{v}_2, \mathbf{v}_3$라 하면,

$$M\begin{bmatrix}\mathbf{v}_1 & \mathbf{v}_2 & \mathbf{v}_3\end{bmatrix} = \begin{bmatrix}\mathbf{v}_1 & \mathbf{v}_2 & \mathbf{v}_3\end{bmatrix}B = \begin{bmatrix}2\mathbf{v}_1 & 2\mathbf{v}_2 & \mathbf{v}_2 + 2\mathbf{v}_3\end{bmatrix}$$

이 되어, $\mathbf{v}_1$와 $\mathbf{v}_2$는 행렬 M의 고유벡터로 충분하다. 열벡터 $\mathbf{v}_3$을 결정하려면 사용할 수 있는 정보가 $\mathbf{v}_2$에 대한 것뿐이어서

$$M\mathbf{v}_3 = \mathbf{v}_2 + 2\mathbf{v}_3$$

로부터

$$(M - 2I)\mathbf{v}_3 = \mathbf{v}_2$$

이고,

$$(M - 2I)^2\mathbf{v}_3 = (M - 2I)\mathbf{v}_2 = \mathbf{0}$$

이 된다.

이처럼 행렬 M의 고유값 λ와 적당한 자연수 k에 대하여, $(M-\lambda I)^k\mathbf{v} = \mathbf{0}$을 만족하는 벡터 $\mathbf{v}$를 일반화된 고유벡터(generalized eigenvector)라 한다. 기저변환의 관점에서 보면, 일반화된 고유벡터들이 기저의 역할을 한다고 할 수 있다.

대각화 과정을 위의 예에 적용해 보면, 행렬 M이 선형사상으로 작용하는 삼차원 공간이 다음 두 고유공간으로 분해된다고 할 수 있다.

E_1: λ_1에 대응하며 $\mathbf{v}_1$로 생성되는 1차원 고유공간
E_2: λ_2에 대응하며 $\mathbf{v}_2$와 $\mathbf{v}_3$으로 생성되는 2차원 고유공간

따라서

$$M \sim \begin{bmatrix} M_1 & 0 & 0 \\ 0 & \multicolumn{2}{c}{\multirow{2}{*}{M_2}} \\ 0 & & \end{bmatrix}$$

로 나타낼 수 있고, 두 고유공간의 기저를 생각하면 M_1의 최소다항식은 $x-\lambda_1$이고 M_2의 최소다항식은 $(x-\lambda_2)^2$이라 할 수 있다.

위의 결과로부터 $M_1 = \lambda_1 I_1$은 당연하고 연습문제 6.4에 의해 $M_2 = \begin{bmatrix} \lambda_2 & 1 \\ 0 & \lambda_2 \end{bmatrix}$가 된다.

일반적으로, 임의의 정사각행렬 A는 다음과 같은 행렬 J와 닮았다.

$$J = \begin{bmatrix} J_1 & & & \\ & J_2 & & \\ & & \ddots & \\ & & & J_n \end{bmatrix}, \qquad J_i = \begin{bmatrix} \lambda_i & 1 & 0 & \cdots & 0 \\ 0 & \lambda_i & 1 & \ddots & \vdots \\ \vdots & \ddots & \ddots & \ddots & 0 \\ \vdots & & \ddots & \lambda_i & 1 \\ 0 & \cdots & \cdots & 0 & \lambda_i \end{bmatrix}$$

여기서 $\lambda_1, \lambda_2, \ldots, \lambda_n$은 M의 고유값으로, 앞에서 본 행렬 B에서처럼 같은 고유값이 존재할 수도 있다. 위의 행렬 J_i는 **조르당 블록 행렬**(Jordan block matrix)로 불리며, 행렬 J는 **조르당 표준형**(Jordan canonical form) 또는 **조르당 정규형**(Jordan normal form)으로 불린다.

조르당(Camille Jordan, 1838~1922): 프랑스의 수학자

보기 8.1 행렬 $A = \begin{bmatrix} 3 & 0 \\ 2 & 3 \end{bmatrix}$을 조르당 표준형으로 고쳐 보자. 먼저 행렬 A의 특성다항식을 구하면

연습문제 6.4에서는 힘으로 해결했다.

$$\text{char. poly}_A(x) = \det(xI - A) = (x-3)^2$$

이므로, 고유값은 3이고 대수적 중복도는 2이다. 고유값 3에 대한 고유벡터 $\mathbf{v}$를 구하면, $(A-3I)\mathbf{v} = \mathbf{0}$으로부터

$$(A-3I)\begin{bmatrix} a \\ b \end{bmatrix} = \begin{bmatrix} 0 & 0 \\ 2 & 0 \end{bmatrix}\begin{bmatrix} a \\ b \end{bmatrix} = \begin{bmatrix} 0 \\ 2a \end{bmatrix} = \begin{bmatrix} 0 \\ 0 \end{bmatrix}$$

이 되어, $\mathbf{v} = (0, 1)$이라 할 수 있고, 고유값의 기하적 중복도는 1이 된다. 따라서 행렬 A는 대각화 불가능하고 최소다항식은

$$\text{min. poly}_A(x) = \text{char. poly}_A(x) = (x-3)^2$$

이 된다. 일반화된 고유벡터를 구하기 위해 $(A-3I)\mathbf{w} = \mathbf{v}$를 만족하는 벡터 $\mathbf{w}$를 구하면

$$(A-3I)\begin{bmatrix} a \\ b \end{bmatrix} = \begin{bmatrix} 0 & 0 \\ 2 & 0 \end{bmatrix}\begin{bmatrix} a \\ b \end{bmatrix} = \begin{bmatrix} 0 \\ 2a \end{bmatrix} = \begin{bmatrix} 0 \\ 1 \end{bmatrix}$$

로부터 $w = \left(\frac{1}{2}, 0\right)$이 된다. 따라서

$$\begin{bmatrix} 0 & \frac{1}{2} \\ 1 & 0 \end{bmatrix}^{-1} A \begin{bmatrix} 0 & \frac{1}{2} \\ 1 & 0 \end{bmatrix} = \begin{bmatrix} 0 & 1 \\ 2 & 0 \end{bmatrix} \begin{bmatrix} 3 & 0 \\ 2 & 3 \end{bmatrix} \begin{bmatrix} 0 & \frac{1}{2} \\ 1 & 0 \end{bmatrix} = \begin{bmatrix} 3 & 1 \\ 0 & 3 \end{bmatrix}$$

이 된다. ✧

위 보기의 결과를 확장하여 생각하면, 일반적으로 주어진 정사각행렬과 그 전치행렬은 (복소수 범위에서) 서로 닮았다고 할 수 있다.

보기 8.2 다음 행렬을 조르당 표준형으로 고쳐 보자.

$$B = \begin{bmatrix} 0 & 0 & 3 & 3 \\ 4 & 4 & -3 & -4 \\ -1 & -1 & 3 & 1 \\ 1 & 1 & 0 & 2 \end{bmatrix}$$

특성다항식을 구하여 보면

$$\text{char. poly}_B(x) = \det(xI - B) = x^4 - 9x^3 + 27x^2 - 27x = x(x-3)^3$$

이므로, 고유값은 0과 3이다. 각 고유값에 대한 고유벡터를 구하여 보면, 고유값 0에 대한 고유벡터는 $(1, -1, 0, 0)$이고 고유값 3에 대한 고유벡터는 $(1, 0, 0, 1)$과 $(1, -1, 1, 0)$의 두 가지가 된다.

일차독립인 고유벡터가 세 개뿐이므로 행렬 B를 대각화할 수는 없다. 고유값 3의 대수적 중복도가 3인 반면 기하적 중복도는 2이므로, 고유벡터가 아닌 일반화된 고유벡터는 고유값 3에 대해 생길 수밖에 없다. 따라서

$$B \sim J = \begin{bmatrix} 0 & 0 & 0 & 0 \\ 0 & 3 & 0 & 0 \\ 0 & 0 & 3 & 1 \\ 0 & 0 & 0 & 3 \end{bmatrix}$$

✧

연습문제 8.1 위 보기의 행렬 B와 J에 대하여, $P^{-1}BP = J$가 되는 기저변환행렬 P를 구하여라.

8.2 제1분해 정리

조르당 표준형은 행렬을 (블록) 대각화하는 멋진 방법이지만, 고유값이 구해져야만 하는 문제가 있다. 즉, 조르당 표준형은 복소수처럼 대수적으로 닫힌 체(algebraically closed field)를 스칼라로 하는 벡터공간에 대해서만 생각할 수 있다. 예를 들어, 특성다항식이 x^2+1인 행렬을 실행렬로 대각화할 수는 없다. 또, 특성다항식이 x^5-x+1인 경우에는 근을 대수적인 표현으로 나타낼 수조차 없다. 그렇다면 특성다항식이 일차식으로 인수분해되지 않는 경우에 조르당 블록까지는 아니어도 적당한 모양으로 블록 대각화할 방법은 없을까?

$\begin{bmatrix} 0 & 1 \\ -1 & 0 \end{bmatrix}$

다시 조르당 표준형을 선형사상의 관점에서 보면, 일반화된 고유벡터는 $\ker\left((\mathrm{M}-\lambda\mathrm{I})^k\right)$의 원소라 할 수 있다. $\mathrm{M}-\lambda\mathrm{I}$라는 모양을 보아도 알 수 있지만, 각각의 고유값 λ에 대응하는 자연수 k는 M의 최소다항식으로부터 결정된다. 또, $\mathrm{M}-\lambda\mathrm{I}$를 벡터공간 V에서 V로 가는 선형사상으로 생각하면, V를 부분공간 $\ker\left((\mathrm{M}-\lambda\mathrm{I})^k\right)$들로 분해할 수 있다는 뜻이 된다. 최소다항식이 일차식의 거듭제곱이 아닌 경우, 즉 특성다항식이 일차식들로 인수분해되지 않는 경우에도 이와 같은 성질이 성립한다. (증명은 생략)

선형사상과 행렬을 구별하지 않는다.

정리 8.1 (제1분해 정리 primary decomposition theorem)

벡터공간 V의 선형사상 $\mathrm{T}: \mathrm{V} \to \mathrm{V}$에 대하여, T의 고유다항식 $\mathrm{char.\,poly}_{\mathrm{T}}(x)$와 최소다항식 $\mathrm{min.\,poly}_{\mathrm{T}}(x)$가 각각

$$\mathrm{char.\,poly}_{\mathrm{T}}(x) = p_1(x)^{e_1} p_2(x)^{e_2} \cdots p_r(x)^{e_r}$$
$$\mathrm{min.\,poly}_{\mathrm{T}}(x) = p_1(x)^{f_1} p_2(x)^{f_2} \cdots p_r(x)^{f_r}$$

라 하자. 여기서 $p_i(x)$와 $p_j(x)$는 서로 소인 다항식이다. 이때,

$$\begin{aligned}\mathrm{V} &= \ker\left(p_1(\mathrm{T})^{e_1}\right) \oplus \ker\left(p_2(\mathrm{T})^{e_2}\right) \oplus \cdots \oplus \ker\left(p_1(\mathrm{T})^{e_r}\right) \\ &= \ker\left(p_1(\mathrm{T})^{f_1}\right) \oplus \ker\left(p_2(\mathrm{T})^{f_2}\right) \oplus \cdots \oplus \ker\left(p_1(\mathrm{T})^{f_r}\right)\end{aligned}$$

이 성립한다.

선형사상 T의 고유/최소다항식이란 행렬 [T]의 고유/최소다항식을 뜻한다. 이것은 기저의 선택과 무관하게 결정된다.

위 정리에서 기호 $\oplus$는 두 벡터공간의 직합(direct sum)을 나타내는 것으로, $\mathrm{V}_1 \oplus \mathrm{V}_2$는 $\mathrm{V}_1 \cap \mathrm{V}_2 = \{0\}$이면서 $\mathrm{V}_1 \times \mathrm{V}_2$라는 뜻이다.

$\mathbb{R}^2 = \mathbb{R} \oplus \mathbb{R}$

기저변환 관점에서 보면, 대각행렬은 기저벡터를 각각 상수배하는 정도로 바꾸지만, 대각행렬이 아닌 행렬은 기저벡터를 서로 뒤섞어준다고 할 수 있다. 행렬을 블록 행렬로 분해한 결과를 생각하면, 기저벡터 자체는 뒤섞일 수 있지만, 그 뒤섞인 벡터가 각각의 블록을 벗어나지는 못한다고 할 수 있다. 예를 들어, 위 정리에서 $\ker(p_1(\mathrm{T})^{e_1})$의 원소인 벡터 $\mathbf{v}$에 대해 $\mathrm{T}(\mathbf{v})$를 계산하면, $\mathbf{v}$의 상수배는 아닐 수도 있지만, 다시 $\ker(p_1(\mathrm{T})^{e_1})$에 속하는 것은 분명하다.

$p_1(\mathrm{T})^{e_1}(\mathrm{T}(\mathbf{v}))$
$= \mathrm{T}(p_1(\mathrm{T})^{e_1}(\mathbf{v}))$
$= 0$

이와 같이 벡터공간 V의 부분공간인 W의 원소들을 T로 변환한 벡터가 여전히 W의 벡터가 될 때, 즉, $\mathrm{T(W)} \subseteq \mathrm{W}$일 때, W를 T에 대한 **불변부분공간(invariant subspace)** 또는 간단히 T-불변부분공간이라 한다. 제1분해 정리를 바꾸어 표현하면, **최소다항식의 인수분해를 이용하여 주어진 벡터공간을 불변부분공간들로 분해하는 방법**이라 할 수 있다.

보기 8.3 벡터공간 $\mathbb{R}^2$에서 회전변환을 나타내는 행렬

$$\mathrm{R}(\theta) = \begin{bmatrix} \cos\theta & -\sin\theta \\ \sin\theta & \cos\theta \end{bmatrix}$$

는 복소수를 스칼라로 할 때는 대각화 가능하지만 (p.76) 실수를 스칼라로 할 때는 고유값이 존재하지 않기 때문에 대각화가 불가능하다.

행렬 $\mathrm{R}(\theta)$의 특성다항식은 $x^2 - 2\cos\theta\, x + 1$이고, 이 다항식이 실수 범위에서 더 이상 인수분해가 안 되기 때문에 최소다항식과 특성다항식은 같다. 그러면 위 정리에 의해,

$$\ker(\mathrm{R}(\theta)^2 - 2\cos\theta\,\mathrm{R}(\theta) + \mathrm{I}) = \ker \mathrm{O} = \mathbb{R}^2$$

가 되어, $\mathbb{R}^2$를 1차원 고유공간 둘로 분해하는 것이 불가능하다는 사실과 부합한다. ◇

보기 8.4 다음 행렬

$$\mathrm{A} = \begin{bmatrix} 5 & -6 & -4 \\ 2 & -2 & -1 \\ 1 & -2 & -1 \end{bmatrix}$$

을 실수 범위에서 최대한(?) 대각화하여 보자.

특성다항식을 구해 보면,

$$\mathrm{char.\,poly}_{\mathrm{A}}(x) = \det(x\mathrm{I} - \mathrm{A}) = x^3 - 2x^2 + x - 2 = (x^2 + 1)(x - 2)$$

가 되고, 중근이 없으므로 최소다항식과 특성다항식이 똑같다. 스칼라가 복소수라면 세 개의 서로 다른 고유값 $i, -i, 2$를 가지므로 대각화가 되지만, 스칼라가 실수라면 대각화가 되지 않는다. 대신에 제1분해 정리를 이용하면, $\mathbb{R}^3 = \ker(A^2 + I) \oplus \ker(A - 2I)$가 된다.

먼저 $\ker(A^2 + I)$를 구해 보면,

$$A^2 + I = \begin{bmatrix} 10 & -10 & -10 \\ 5 & -5 & -5 \\ 0 & 0 & 0 \end{bmatrix}$$

이므로, $x - y - z = 0$을 만족하는 벡터 (x, y, z)가 벡터공간 $\ker(A^2 + I)$의 원소가 된다. 기저벡터로 $(1, 1, 0)$과 $(0, 1, -1)$을 고르자.

다음으로 $\ker(A - 2I)$를 구해 보면,

$$A - 2I = \begin{bmatrix} 3 & -6 & -4 \\ 2 & -4 & -1 \\ 1 & -2 & -3 \end{bmatrix}$$

이므로, $x - 2y = 0$을 만족하는 벡터 $(x, y, 0)$가 벡터공간 $\ker(A - 2I)$의 원소가 된다. 기저벡터로 $(2, 1, 0)$을 고르면,

$$\mathbb{R}^3 = \mathrm{span}((1, 1, 0), (0, 1, -1)) \oplus \mathrm{span}((2, 1, 0))$$

이 된다. 행렬 A는 표준기저에 대한 표현이므로, 기저변환행렬

$$P = \begin{bmatrix} 1 & 0 & 2 \\ 1 & 1 & 1 \\ 0 & -1 & 0 \end{bmatrix}$$

을 이용하여 $P^{-1}AP$를 계산하면

$$\begin{bmatrix} 1 & 0 & 2 \\ 1 & 1 & 1 \\ 0 & -1 & 0 \end{bmatrix}^{-1} \begin{bmatrix} 5 & -6 & -4 \\ 2 & -2 & -1 \\ 1 & -2 & -1 \end{bmatrix} \begin{bmatrix} 1 & 0 & 2 \\ 1 & 1 & 1 \\ 0 & -1 & 0 \end{bmatrix}$$

$$= \begin{bmatrix} -1 & -2 & 0 \\ 1 & 1 & 0 \\ 0 & 0 & 2 \end{bmatrix} = \begin{bmatrix} -1 & -2 & 0 \\ 1 & 1 & 0 \\ 0 & 0 & 2 \end{bmatrix}$$

가 된다. ♢

앞의 보기에서 $\ker(A^2+I)$의 기저를 고르는 방법에 따라 $P^{-1}AP$의 꼴이 달라지므로, 조금 더 예쁜(?) 모양이 되도록 기저를 골라 보자.

연습문제 8.2 실수 행렬 A의 고유값과 고유벡터가 다음과 같은 복소수로 되어 있다고 하자.

$$A\begin{bmatrix} a_1+b_1 i \\ \vdots \\ a_n+b_n i \end{bmatrix} = (\mu+\nu i)\begin{bmatrix} a_1+b_1 i \\ \vdots \\ a_n+b_n i \end{bmatrix}$$

그러면 다음이 성립함을 보이시오.

$$A\begin{bmatrix} a_1 & b_1 \\ \vdots & \vdots \\ a_n & b_n \end{bmatrix} = \begin{bmatrix} a_1 & b_1 \\ \vdots & \vdots \\ a_n & b_n \end{bmatrix}\begin{bmatrix} \mu & \nu \\ -\nu & \mu \end{bmatrix}$$

위의 보기의 경우, 고유값 i에 대응하는 고유벡터가 $(1-i,-i,1)$이므로,

훨씬 예쁘다.

$$\begin{bmatrix} 1 & -1 & 2 \\ 0 & -1 & 1 \\ 1 & 0 & 0 \end{bmatrix}^{-1}\begin{bmatrix} 5 & -6 & -4 \\ 2 & -2 & -1 \\ 1 & -2 & -1 \end{bmatrix}\begin{bmatrix} 1 & -1 & 2 \\ 0 & -1 & 1 \\ 1 & 0 & 0 \end{bmatrix} = \begin{bmatrix} 0 & 1 & 0 \\ -1 & 0 & 0 \\ 0 & 0 & 2 \end{bmatrix}$$

가 된다.

이와 같은 표현은 실수를 이용하여 복소수를 구성하는 새로운 방식을 제공한다. 즉, 복소수 $a+bi$와 행렬 $\begin{bmatrix} a & b \\ -b & a \end{bmatrix}$를 같은 것으로 생각하면, 제곱하여 -1이 되는 새로운 수를 도입할 필요 없이 행렬을 이용하여 복소수를 구성할 수 있다.

위 보기와 연습문제는 두 행렬 $\begin{bmatrix} -1 & -2 \\ 1 & 1 \end{bmatrix}$와 $\begin{bmatrix} 0 & 1 \\ -1 & 0 \end{bmatrix}$가 실수 범위에서 닮았음을 뜻한다. 일반적으로 최소다항식이 x^2+1인 두 2차 실행렬 M과 N이 실수 범위에서 항상 닮았음을 다음과 같이 보일 수 있다.

$D = \begin{bmatrix} i & 0 \\ 0 & -i \end{bmatrix}$

두 행렬 모두 복소수 범위에서는 대각화가 되므로, $M = PDP^{-1}$이고 $N = QDQ^{-1}$인 적당한 복소행렬 P와 Q가 존재한다. 그러면

$$M(PQ^{-1}) = (PQ^{-1})N$$

가 된다. 한편, $M = \overline{M}$이고 $N = \overline{N}$이므로,

$$M\overline{PQ^{-1}} = \overline{PQ^{-1}}N$$

가 되어, $R = PQ^{-1} + \overline{PQ^{-1}}$라 할 때, R는 실행렬이고 MR = RN이 된다. 따라서 M과 N은 실수 범위에서도 서로 닮은 행렬이다.

다시 말해, 최소다항식이 x^2+1인 행렬 N을 찾기만 하면, 행렬 M은 적당한 기저변환행렬을 이용하여 N으로 바꿀 수 있다. 우리는 이러한 행렬을 이미 6장에서 찾은 적이 있다. 바로 x^2+1의 동반행렬이다. 정리 6.6 따라서

$$M \sim \begin{bmatrix} 0 & -1 \\ 1 & 0 \end{bmatrix}$$

이 된다. 물론 M은 동반행렬의 전치행렬과도 닮았다.

같은 식으로 생각하면, 스칼라가 무엇이든, 2차 또는 3차인 정사각행렬은 특성다항식과 최소다항식만으로 어떤 행렬과 닮았는지 알 수 있다.

연습문제 8.3 최소다항식이 $(x^2+2)(x-2)$이고 모든 성분이 실수인 4차 정사각행렬 A를 구하여라.

8.3 제2분해 정리

제1분해 정리는 주어진 행렬의 특성다항식과 최소다항식만 알면 행렬을 간단한 모양으로 바꿀 수 있게 한다. 최소다항식을 인수분해해서 서로소인 인수만 관찰하면 되므로 이 정리는 대단히 위력적이다. 그런데 여전히 부족한 점이 있다. 최소다항식의 차수가 행렬의 크기와 같으면 제1분해 정리로 모두 해결되지만, 그렇지 않은 경우, 예를 들어, 앞서 6장에서 보았던 것처럼 최소다항식이 $(x-2)^2$인 4차 정사각행렬은 두 종류의 행렬 가운데 어느 것과 닮았는지 판별할 수가 없다. p.91

$$\begin{bmatrix} 2 & ? & 0 & 0 \\ 0 & 2 & 0 & 0 \\ 0 & 0 & 2 & 1 \\ 0 & 0 & 0 & 2 \end{bmatrix}$$

이 경우, 최소다항식으로부터 두 종류의 행렬 모두 대각성분이 네 개의 2로 이루어져 있고 2×2 블록 하나는 알 수 있다. 문제는 나머지 부분이 다시 1차원으로 쪼개지느냐 그렇지 않으냐이다. 즉, 제1분해 정리를 이용하여 분해한 불변부분공간을 더 작은 공간으로 한 번 더 분해해야 한다. 이렇게 분해한 부분공간의 차원과 대응하는 최소다항식의 차수가 같다면, 동반행렬을 이용하여 블록 행렬을 만들 수 있다. 이것은 최소다항식만으로는 결정할 수 없고, 행렬 자체로부터 나오는 새로운 정보가

필요하다. 우리가 원하는 결과는 다음과 같은 정리이다. (물론 이 증명도 생략)

정리 8.2 (제 2 분해 정리 secondary decomposition theorem)

벡터공간 V의 선형사상 T: V → V에 대하여, T의 최소다항식이 $p(x)^f$ 이라 하자. 이때, 적당한 부분공간 $V_1, V_2, \dots, V_k$ 가 존재하여,

- $V = V_1 \oplus V_2 \oplus \cdots \oplus V_k$
- $\text{min. poly}_{T|_{V_i}} = p(x)^{r_i}$, $f \geq r_1 \geq r_2 \geq \dots \geq r_k = 1$
- $[T|_{V_i}]$는 $p(x)^{r_i}$ 의 동반행렬과 닮았다.

한편, 위의 성질을 만족하는 k와 $r_1, r_2, \dots, r_k$는 유일하게 결정된다.

$T|_{V_i}$ 는 T의 정의역과 공역을 V_i로 줄인 사상

위 정리에서 V_i를 구하는 방법을 알아보자. 이 부분공간은 T-불변부분공간을 다시 분해하는 것이므로 이를 위해서는 벡터 하나하나가 어떻게 변환되는지를 알아야 한다. 즉, $\mathbf{v}, T(\mathbf{v}), T^2(\mathbf{v}), \dots$ 을 관찰하여야 한다. 위 정리의 조건에서 $p(T)^f = \mathbf{0}$ 이므로, $d = \dim(p(x)^f)$ 라 하면 T^f 는 다시 $I, T, T^2, \dots, T^{d-1}$ 의 일차결합으로 표현된다. 따라서, $\mathbf{v}, T(\mathbf{v}), T^2(\mathbf{v}), \dots, T^{d-1}(\mathbf{v})$ 로 생성되는 벡터공간에서 T는 순환적으로 작용한다. 이 벡터공간

$$\text{span}\left(\mathbf{v}, T(\mathbf{v}), T^2(\mathbf{v}), \dots, T^{d-1}(\mathbf{v})\right)$$

를 $\mathbf{v}$가 생성하는 T-순환부분공간(cyclic subspace)이라 하고 $Z(\mathbf{v}, T)$ 로 나타낸다. 이 순환부분공간이 바로 제 2 분해 정리의 V_i 들에 해당한다. 이런 점에서 제 2 분해 정리를 순환 분해 정리(cyclic decomposition theorem)라고도 한다.

cyclic에 해당하는 독일어 zyklisch의 첫글자

보기 8.5 다음 행렬 A를 제 2 분해 정리를 이용하여 블록대각행렬로 나타내어 보자.

이미 블록행렬로 표현되어 있긴 하다.

$$A = \begin{bmatrix} 2 & 0 & 0 \\ 0 & 2 & 1 \\ 0 & 0 & 2 \end{bmatrix}$$

먼저 특성다항식을 구해 보면 $\text{char. poly}_A(x) = (x-2)^3$ 이고, 최소다항식은 $\text{min. poly}_A(x) = (x-2)^2$ 이다. 따라서 제 2 분해 정리에

의해 $\mathbb{R}^3 = Z(\mathbf{v}_1, A) \oplus Z(\mathbf{v}_2, A)$ 이고 $\dim Z(\mathbf{v}_1, A) = 2$, $\dim Z(\mathbf{v}_2, A) = 1$ 이 된다. 이제 두 순환부분공간을 생성하는 벡터 $\mathbf{v}_1$과 $\mathbf{v}_2$를 찾자.

$Z(\mathbf{v}_1, A) = Z(\mathbf{v}_1, L_A)$로 이해한다.

첫 번째 순환부분공간 $Z(\mathbf{v}_1, A)$을 생성하는 벡터는 $(A - 2I)\mathbf{v}_1 \neq \mathbf{0}$을 만족하는 벡터 $\mathbf{v}_1$을 찾으면 된다. 만약 임의의 벡터 $\mathbf{v}$에 대하여 $(A - 2I)\mathbf{v} = \mathbf{0}$이 된다면, 이것은 A의 최소다항식의 차수가 1차라는 뜻이 되어 모순이다. 따라서 $(A-2I)\mathbf{v}_1 \neq \mathbf{0}$인 벡터 $\mathbf{v}_1$에 대하여 $\mathbf{v}_1, A\mathbf{v}_1$은 일차독립이 된다. 실제로 $\mathbf{v}_1$으로 $\mathbf{e}_3 = (0,0,1)$을 고르면, $\mathbf{e}_3$와 $A\mathbf{e}_3 = (0,1,2)$는 일차독립이다.

이제 두 번째 순환부분공간 $Z(\mathbf{v}_2, A)$을 생성하는 벡터는 $(A-2I)\mathbf{v}_2 = \mathbf{0}$이면서 $\mathbf{v}_2 \notin Z(\mathbf{v}_1, A)$인 벡터 $\mathbf{v}_2$를 찾으면 된다. 이것은 고유벡터 $\mathbf{e}_1 = (1,0,0)$을 고르면 된다.

이제

$$P = \begin{bmatrix} 0 & 0 & 1 \\ 0 & 1 & 0 \\ 1 & 2 & 0 \end{bmatrix} \text{이라 하면, } P^{-1}AP = \begin{bmatrix} 0 & -4 & 0 \\ 1 & 4 & 0 \\ 0 & 0 & 2 \end{bmatrix}$$

이다. ◇

위의 보기에서 2×2 블록행렬 $\begin{bmatrix} 0 & -4 \\ 1 & 4 \end{bmatrix}$는 저절로 최소다항식 $(x-2)^2$의 동반행렬이 된다. 실제로 어떤 선형사상 T에 대해 순환부분공간을 생성하는 벡터가 $\mathbf{v}$이고 T의 최소다항식이

$$f(x) = a_{n-1}x^{n-1} + a_{n-2}x^{n-2} + \cdots + a_1 x + a_0$$

이라면,

$$\mathbf{v},\quad T(\mathbf{v}),\quad T^2(\mathbf{v}),\quad \ldots,\quad T^{n-1}(\mathbf{v})$$

가 기저벡터가 되므로, 이 기저벡터의 집합을 $\mathscr{B}$라 하면

$$[T]_{\mathscr{B}} = \begin{bmatrix} 0 & 0 & \ldots & 0 & -a_0 \\ 1 & 0 & \ldots & 0 & -a_1 \\ 0 & 1 & \ldots & 0 & -a_2 \\ \vdots & \vdots & \ddots & \vdots & \vdots \\ 0 & 0 & \ldots & 1 & -a_{n-1} \end{bmatrix}$$

이 된다.

보기 8.6 다음 행렬을 제2분해 정리를 이용하여 블록대각행렬로 나타내어 보자.

$$B = \begin{bmatrix} -3 & -2 & 0 & -2 & 9 & 13 \\ 3 & 3 & 0 & 3 & -9 & -13 \\ 4 & 6 & 0 & 5 & -9 & -13 \\ -2 & -3 & 1 & -3 & 9 & 13 \\ -4 & -6 & 0 & -5 & 10 & 15 \\ 2 & 3 & 0 & 3 & -5 & -7 \end{bmatrix}$$

특성다항식과 최소다항식을 구해 보면

$$\text{char. poly}_B(x) = x^6 - 6x^4 - 2x^3 + 9x^2 + 6x + 1 = (x^3 - 3x - 1)^2$$
$$\text{min. poly}_B(x) = x^3 - 3x - 1$$

이다. 최소다항식이 서로 다른 세 실근을 가지기는 하지만, 세 근을 일일이 구하는 것은 매우 어려우므로 직접 근을 구하지 말고 제2분해 정리를 이용하자.

최소다항식 $x^3 - 3x - 1$이 유리수 범위에서 더 이상 인수분해되지 않으므로, $\mathbb{R}^6$은 두 개의 순환부분공간으로 분해되고 각각의 부분공간에 대한 최소다항식은 $x^3 - 3x - 1$이 된다. 따라서

$$B = \begin{bmatrix} -3 & -2 & 0 & -2 & 9 & 13 \\ 3 & 3 & 0 & 3 & -9 & -13 \\ 4 & 6 & 0 & 5 & -9 & -13 \\ -2 & -3 & 1 & -3 & 9 & 13 \\ -4 & -6 & 0 & -5 & 10 & 15 \\ 2 & 3 & 0 & 3 & -5 & -7 \end{bmatrix} \sim \begin{bmatrix} 0 & 0 & 1 & 0 & 0 & 0 \\ 1 & 0 & 3 & 0 & 0 & 0 \\ 0 & 1 & 0 & 0 & 0 & 0 \\ 0 & 0 & 0 & 0 & 0 & 1 \\ 0 & 0 & 0 & 1 & 0 & 3 \\ 0 & 0 & 0 & 0 & 1 & 0 \end{bmatrix}$$

임을 알 수 있다. 기저변환행렬을 찾으려면 순환부분공간을 생성하는 벡터를 찾아야 한다. 계산하기 쉽게 $\mathbf{e}_3 = (0,0,1,0,0,0)$으로 시작하면,

$$\begin{aligned} B\mathbf{e}_3 &= (0,0,0,1,0,0), \\ B^2\mathbf{e}_3 &= (-2,3,5,-3,-5,3), \\ B^3\mathbf{e}_3 &= (0,0,1,3,0,0) = \mathbf{e}_3 + 3B\mathbf{e}_3 \end{aligned}$$

이 되고, $Z(\mathbf{e}_3, B)$에 속하지 않는 벡터로 $\mathbf{e}_1 = (1,0,0,0,0,0)$을 고르면

$$\begin{aligned} B\mathbf{e}_1 &= (-3,3,4,-2,-4,2), \\ B^2\mathbf{e}_1 &= (-3,4,6,-3,-6,3), \\ B^3\mathbf{e}_1 &= (-8,9,12,-6,-12,6) = \mathbf{e}_1 + 3B\mathbf{e}_1 \end{aligned}$$

이므로,

$$\begin{bmatrix} 0 & 0 & -2 & 1 & -3 & -3 \\ 0 & 0 & 3 & 0 & 3 & 4 \\ 1 & 0 & 5 & 0 & 4 & 6 \\ 0 & 1 & -3 & 0 & -2 & -3 \\ 0 & 0 & -5 & 0 & -4 & -6 \\ 0 & 0 & 3 & 0 & 2 & 3 \end{bmatrix}^{-1} \mathrm{B} \begin{bmatrix} 0 & 0 & -2 & 1 & -3 & -3 \\ 0 & 0 & 3 & 0 & 3 & 4 \\ 1 & 0 & 5 & 0 & 4 & 6 \\ 0 & 1 & -3 & 0 & -2 & -3 \\ 0 & 0 & -5 & 0 & -4 & -6 \\ 0 & 0 & 3 & 0 & 2 & 3 \end{bmatrix} = \begin{bmatrix} 0 & 0 & 1 & 0 & 0 & 0 \\ 1 & 0 & 3 & 0 & 0 & 0 \\ 0 & 1 & 0 & 0 & 0 & 0 \\ 0 & 0 & 0 & 0 & 0 & 1 \\ 0 & 0 & 0 & 1 & 0 & 3 \\ 0 & 0 & 0 & 0 & 1 & 0 \end{bmatrix}$$

이 된다. ◇

제2분해 정리는 앞서 보았던 조르당 표준형의 존재성을 보장해 준다. 복소수 범위에서 모든 다항식은 일차식으로 인수분해되고, 제1분해 정리 덕분에 최소다항식이 일차식의 거듭제곱인 경우만 생각해도 충분하다. 다시 제2분해 정리 덕분에 n차 정사각행렬 A의 최소다항식이 $(x-\lambda)^n$인 경우만 생각하면 되고, $\mathrm{B} = \mathrm{A} - \lambda\mathrm{I}$라 하면 $\mathrm{B}^n = 0$이므로

$$\mathrm{char.\,poly_B}(x) = x^n$$

이 된다. 그러면 제2분해 정리에 의해 B는 x^n의 동반행렬(의 전치행렬)과 닮았으므로

$$\mathrm{PBP^{-1}} = \mathrm{P^{-1}(A-\lambda I)P} = \mathrm{P^{-1}AP} - \lambda\mathrm{I} = \begin{bmatrix} 0 & 1 & 0 & \cdots & 0 \\ 0 & 0 & 1 & \cdots & 0 \\ \vdots & \vdots & \vdots & \ddots & \vdots \\ 0 & 0 & 0 & \cdots & 1 \\ 0 & 0 & 0 & \cdots & 0 \end{bmatrix}$$

이 되는 기저변환행렬 P가 존재한다. 따라서

$$\mathrm{P^{-1}AP} = \lambda\mathrm{I} + \begin{bmatrix} 0 & 1 & 0 & \cdots & 0 \\ 0 & 0 & 1 & \cdots & 0 \\ \vdots & \vdots & \vdots & \ddots & \vdots \\ 0 & 0 & 0 & \cdots & 1 \\ 0 & 0 & 0 & \cdots & 0 \end{bmatrix} = \begin{bmatrix} \lambda & 1 & 0 & \cdots & 0 \\ 0 & \lambda & 1 & \cdots & 0 \\ \vdots & \vdots & \vdots & \ddots & \vdots \\ 0 & 0 & 0 & \cdots & 1 \\ 0 & 0 & 0 & \cdots & \lambda \end{bmatrix}$$

가 된다.

연습문제 풀이

첫째 날

1.1 $x = -4a + 3b, y = 3a - 2b$

1.2 $f^{-1} : (x, y) \mapsto (-4x + 3y, 3x - 2y)$.

대입해서 계산까지 하기는 민망해서 생략.

1.3 f와 f^{-1}에 대응하는 행렬은 각각

$$\begin{bmatrix} 2 & 3 \\ 3 & 4 \end{bmatrix} \text{와} \begin{bmatrix} -4 & 3 \\ 3 & -2 \end{bmatrix}$$

이므로

$$\begin{bmatrix} 2 & 3 \\ 3 & 4 \end{bmatrix}\begin{bmatrix} -4 & 3 \\ 3 & -2 \end{bmatrix} = \begin{bmatrix} 1 & 0 \\ 0 & 1 \end{bmatrix}.$$

1.4 기본열연산이 되려면 기본행렬에 해당하는 행렬을 오른쪽에 곱해야 한다.

- 첫 번째 열을 k 배한다.

$$\rightsquigarrow \text{ 행렬} \begin{bmatrix} k & 0 & \cdots & 0 \\ 0 & 1 & \cdots & 0 \\ \vdots & \vdots & \ddots & \vdots \\ 0 & 0 & \cdots & 1 \end{bmatrix} \text{을 오른쪽에 곱한다.}$$

- 첫 번째 열과 두 번째 열을 꾼다.

$$\rightsquigarrow \text{ 행렬} \begin{bmatrix} 0 & 1 & 0 & \cdots & 0 \\ 1 & 0 & 0 & \cdots & 0 \\ 0 & 0 & 1 & \cdots & 0 \\ \vdots & \vdots & \vdots & \ddots & \vdots \\ 0 & 0 & 0 & \cdots & 1 \end{bmatrix} \text{을 오른쪽에 곱한다.}$$

- 첫 번째 열을 k 배하여 두 번째 열에 더한다.

$$\rightsquigarrow \text{행렬} \begin{bmatrix} 1 & k & 0 & \cdots & 0 \\ 0 & 1 & 0 & \cdots & 0 \\ 0 & 0 & 1 & \cdots & 0 \\ \vdots & \vdots & \vdots & \ddots & \vdots \\ 0 & 0 & 0 & \cdots & 1 \end{bmatrix} \text{을 오른쪽에 곱한다.}$$

1.5 $\mathrm{inv}(A)^2 = \mathrm{inv}(A^2)$을 보이자. $\mathrm{inv}(A^2)$은 A^2에 곱하여 항등행렬 I가 되는 행렬이라는 뜻이므로, $A^2\,\mathrm{inv}(A)^2 = I$를 보이면 된다.

$$A^2\,\mathrm{inv}(A)^2 = A(A\,\mathrm{inv}(A))\,\mathrm{inv}(A) = A\,\mathrm{inv}(A) = I$$

이므로 $\mathrm{inv}(A)^2 = \mathrm{inv}(A^2)$이다.

일반적으로,

$$\begin{aligned} A^n\,\mathrm{inv}(A)^n &= A^{n-1}(A\,\mathrm{inv}(A))\,\mathrm{inv}(A)^{n-1} \\ &= A^{n-2}(A\,\mathrm{inv}(A))\,\mathrm{inv}(A)^{n-2} = \cdots = I \end{aligned}$$

이므로 $\mathrm{inv}(A)^n = \mathrm{inv}(A^n)$이다.

1.6 $A\,\mathrm{inv}\,A = I$이므로 $\mathrm{inv}\,A$의 역행렬이 바로 A이다. 즉 $\mathrm{inv}(\mathrm{inv}(A)) = A$이다.

1.7 $(AB)(B^{-1}A^{-1}) = A(BB^{-1})A^{-1} = AA^{-1} = I$이므로 $(AB)^{-1} = B^{-1}A^{-1}$이다.

1.8 방정식

$$\begin{bmatrix} 2 & 1 & 1 \\ 1 & 2 & 0 \\ 0 & 1 & 1 \end{bmatrix} \begin{bmatrix} x_1 & y_1 & z_1 \\ x_2 & y_2 & z_2 \\ x_3 & y_3 & z_3 \end{bmatrix} = \begin{bmatrix} 1 & 0 & 0 \\ 0 & 1 & 0 \\ 0 & 0 & 1 \end{bmatrix}$$

을 풀어야 하므로, 각각의 열마다 연립방정식을 만들어 푸는 대신

$$\begin{bmatrix} 2 & 1 & 1 & 1 & 0 & 0 \\ 1 & 2 & 0 & 0 & 1 & 0 \\ 0 & 1 & 1 & 0 & 0 & 1 \end{bmatrix}$$

로 두고 통째로 가우스-요르단 소거법을 적용한다.

Step 1. 1행과 2행을 맞바꾼다.

$$\begin{bmatrix} 1 & 2 & 0 & 0 & 1 & 0 \\ 2 & 1 & 1 & 1 & 0 & 0 \\ 0 & 1 & 1 & 0 & 0 & 1 \end{bmatrix}$$

Step 2. 1행을 −2 배하여 2행에 더한다.

$$\begin{bmatrix} 1 & 2 & 0 & 0 & 1 & 0 \\ 0 & -3 & 1 & 1 & -2 & 0 \\ 0 & 1 & 1 & 0 & 0 & 1 \end{bmatrix}$$

Step 3. 2행과 3행을 맞바꾼다.

$$\begin{bmatrix} 1 & 2 & 0 & 0 & 1 & 0 \\ 0 & 1 & 1 & 0 & 0 & 1 \\ 0 & -3 & 1 & 1 & -2 & 0 \end{bmatrix}$$

Step 4. 2행을 3배하여 3행에 더한다.

$$\begin{bmatrix} 1 & 2 & 0 & 0 & 1 & 0 \\ 0 & 1 & 1 & 0 & 0 & 1 \\ 0 & 0 & 4 & 1 & -2 & 3 \end{bmatrix}$$

Step 5. 3행을 $\frac{1}{4}$ 배한다.

$$\begin{bmatrix} 1 & 2 & 0 & 0 & 1 & 0 \\ 0 & 1 & 1 & 0 & 0 & 1 \\ 0 & 0 & 1 & \frac{1}{4} & -\frac{2}{4} & \frac{3}{4} \end{bmatrix}$$

Step 6. 3행을 (-1) 배하여 2행에 더한다.

$$\begin{bmatrix} 1 & 2 & 0 & 0 & 1 & 0 \\ 0 & 1 & 0 & -\frac{1}{4} & \frac{2}{4} & \frac{1}{4} \\ 0 & 0 & 1 & \frac{1}{4} & -\frac{2}{4} & \frac{3}{4} \end{bmatrix}$$

Step 7. 2행을 (-2) 배하여 1행에 더한다.

$$\begin{bmatrix} 1 & 0 & 0 & \frac{2}{4} & 0 & -\frac{2}{4} \\ 0 & 1 & 0 & -\frac{1}{4} & \frac{2}{4} & \frac{1}{4} \\ 0 & 0 & 1 & \frac{1}{4} & -\frac{2}{4} & \frac{3}{4} \end{bmatrix}$$

따라서

$$\begin{bmatrix} 2 & 1 & 1 \\ 1 & 2 & 0 \\ 0 & 1 & 1 \end{bmatrix}^{-1} = \frac{1}{4}\begin{bmatrix} 2 & 0 & -2 \\ -1 & 2 & 1 \\ 1 & -2 & 3 \end{bmatrix}$$

이다.

둘째 날

2.1 $\mathrm{A} = \begin{bmatrix} \mathbf{v}_1 & \mathbf{v}_2 & \cdots & \mathbf{v}_n \end{bmatrix}$이라 하면,

$$\begin{aligned} \det(k\mathrm{A}) &= \det\begin{bmatrix} k\mathbf{v}_1 & k\mathbf{v}_2 & \cdots & k\mathbf{v}_n \end{bmatrix} \\ &= k\det\begin{bmatrix} \mathbf{v}_1 & k\mathbf{v}_2 & \cdots & k\mathbf{v}_n \end{bmatrix} \\ &= k^2\det\begin{bmatrix} \mathbf{v}_1 & \mathbf{v}_2 & \cdots & k\mathbf{v}_n \end{bmatrix} \\ &= \cdots \\ &= k^n\det\begin{bmatrix} \mathbf{v}_1 & \mathbf{v}_2 & \cdots & \mathbf{v}_n \end{bmatrix} \\ &= k^n \det \mathrm{A} \end{aligned}$$

가 된다.

2.2 행렬 A의 i 번째 열이 모두 0이라 하자. 그러면

$$\begin{aligned}\det A &= \det\begin{bmatrix}\mathbf{v}_1 & \cdots & \mathbf{v}_{i-1} & \mathbf{0} & \mathbf{v}_{i+1} & \cdots & \mathbf{v}_n\end{bmatrix}\\ &= \det\begin{bmatrix}\mathbf{v}_1 & \cdots & \mathbf{v}_{i-1} & \mathbf{0}+\mathbf{0} & \mathbf{v}_{i+1} & \cdots & \mathbf{v}_n\end{bmatrix}\\ &= \det\begin{bmatrix}\mathbf{v}_1 & \cdots & \mathbf{v}_{i-1} & \mathbf{0} & \mathbf{v}_{i+1} & \cdots & \mathbf{v}_n\end{bmatrix}\\ &\quad + \det\begin{bmatrix}\mathbf{v}_1 & \cdots & \mathbf{v}_{i-1} & \mathbf{0} & \mathbf{v}_{i+1} & \cdots & \mathbf{v}_n\end{bmatrix}\\ &= \det A + \det A\end{aligned}$$

이므로 $\det A = 0$이다.

2.3 두 열이 같으면 행렬식의 값이 0이므로,

$$\begin{aligned}0 &= \det(\mathbf{v}_1, \dots, \mathbf{v}_i + \mathbf{v}_j, \dots, \mathbf{v}_j + \mathbf{v}_i, \dots, \mathbf{v}_n)\\ &= \det(\mathbf{v}_1, \dots, \mathbf{v}_i, \dots, \mathbf{v}_j + \mathbf{v}_i, \dots, \mathbf{v}_n) + \det(\mathbf{v}_1, \dots, \mathbf{v}_j, \dots, \mathbf{v}_j + \mathbf{v}_i, \dots, \mathbf{v}_n)\\ &= \det(\mathbf{v}_1, \dots, \mathbf{v}_i, \dots, \mathbf{v}_j, \dots, \mathbf{v}_n) + \det(\mathbf{v}_1, \dots, \mathbf{v}_i, \dots, \mathbf{v}_i, \dots, \mathbf{v}_n)\\ &\quad + \det(\mathbf{v}_1, \dots, \mathbf{v}_j, \dots, \mathbf{v}_j, \dots, \mathbf{v}_n) + \det(\mathbf{v}_1, \dots, \mathbf{v}_j, \dots, \mathbf{v}_i, \dots, \mathbf{v}_n)\\ &= \det(\mathbf{v}_1, \dots, \mathbf{v}_i, \dots, \mathbf{v}_j, \dots, \mathbf{v}_n) + 0 + 0 + \det(\mathbf{v}_1, \dots, \mathbf{v}_j, \dots, \mathbf{v}_i, \dots, \mathbf{v}_n)\end{aligned}$$

이 되어,

$$\det(\mathbf{v}_1, \dots, \mathbf{v}_i, \dots, \mathbf{v}_j, \dots, \mathbf{v}_n) = -\det(\mathbf{v}_1, \dots, \mathbf{v}_j, \dots, \mathbf{v}_i, \dots, \mathbf{v}_n)$$

이 성립한다.

2.4 두 열이 같으면 행렬식의 값이 0이므로,

$$\begin{aligned}&\det(\mathbf{v}_1, \dots, \mathbf{v}_i, \dots, \mathbf{v}_j + k\mathbf{v}_i, \dots, \mathbf{v}_n)\\ &= \det(\mathbf{v}_1, \dots, \mathbf{v}_i, \dots, \mathbf{v}_j, \dots, \mathbf{v}_n) + \det(\mathbf{v}_1, \dots, \mathbf{v}_i, \dots, k\mathbf{v}_i, \dots, \mathbf{v}_n)\\ &= \det(\mathbf{v}_1, \dots, \mathbf{v}_i, \dots, \mathbf{v}_j, \dots, \mathbf{v}_n) + k\det(\mathbf{v}_1, \dots, \mathbf{v}_i, \dots, \mathbf{v}_i, \dots, \mathbf{v}_n)\\ &= \det(\mathbf{v}_1, \dots, \mathbf{v}_i, \dots, \mathbf{v}_j, \dots, \mathbf{v}_n)\end{aligned}$$

이 성립한다.

2.5 만약 $d_1 = 0$이라면 첫 번째 열이 모두 0이므로 행렬식의 값은 0이 된다. 만약 $d_1 \neq 0$이라면 첫 번째 열을 적당히 상수배하여 두 번째 열에 더하여 1행2열의 성분을 0이 되게 만들 수 있다. 같은 식으로, $d_2 = 0$이면 두 번째 열이 모두 0이 되므로 행렬식의 값은 0이고, $d_2 \neq 0$이면 첫 번째 열과 두 번째 열을 적당히 상수배하여 세 번째 열에 더하여 1행3열과 2행3열의 성분을 0이 되게 만들 수 있다.

이런 식으로 생각하면, $d_i = 0$이면 행렬식의 값은 0이 되고 $d_1, \dots, d_n$이 모두 0이 아니라면 대각성분을 제외한 모든 성분을 0이 되게 만들 수 있다.

이제 행렬식을 계산할 때 각 열에서 d_i를 밖으로 끄집어 낼 수 있으므로, 최종 계산 결과는

$$d_1 d_2 \cdots d_n \det \mathrm{I} = d_1 d_2 \cdots d_n$$

이 된다.

2.6 기본열연산을 이용하여 연습문제 2.5와 같은 형태를 만든다. 두 단계면 충분하지만 연습 삼아 일부러 두 열을 바꾸는 단계를 넣어 계산하였다.

Step 1. 2열과 3열을 맞바꾼다. (부호 바뀜)

$$-\det\begin{bmatrix} 2 & 0 & -1 \\ -1 & -1 & 2 \\ 0 & 2 & -1 \end{bmatrix}$$

Step 2. 3열을 2배하여 2열에 더한다.

$$-\det\begin{bmatrix} 2 & -2 & -1 \\ -1 & 3 & 2 \\ 0 & 0 & -1 \end{bmatrix}$$

Step 3. 1열과 2열을 맞바꾼다. (부호 바뀜)

$$\det\begin{bmatrix} -2 & 2 & -1 \\ 3 & -1 & 2 \\ 0 & 0 & -1 \end{bmatrix}$$

Step 4. 2열을 3배하여 1열에 더한다.

$$\det\begin{bmatrix} 4 & 2 & -1 \\ 0 & -1 & 2 \\ 0 & 0 & -1 \end{bmatrix}$$

따라서 행렬식의 값은 $4 \times (-1) \times (-1) = 4$.

2.7 $\det \mathrm{A}$가 0인지 아닌지에 따라 경우를 나누어 생각한다.

i) $\det \mathrm{A} \neq 0$인 경우.

$\mathrm{adj}\,\mathrm{A}$의 정의에 의해 $\mathrm{A}(\mathrm{adj}\,\mathrm{A}) = (\det \mathrm{A})\mathrm{I}$이다. 양변의 행렬식을 구하면, 좌변은

$$\det(\mathrm{A}(\mathrm{adj}\,\mathrm{A})) = \det \mathrm{A} \det(\mathrm{adj}\,\mathrm{A})$$

이고 우변은

$$\det((\det \mathrm{A})\mathrm{I}) = (\det \mathrm{A})^n \det \mathrm{I} = (\det \mathrm{A})^n$$

이므로

$$\det(\mathrm{adj}\,\mathrm{A}) = (\det \mathrm{A})^{n-1}$$

이 된다.

ii) $\det A = 0$ 인 경우.

모든 성분이 0 인 행렬을 O 로 나타내자.

만약 $A = O$ 이면 $\operatorname{adj} A = O$ 가 된다. 따라서 $\det(\operatorname{adj} A) = 0$ 이다.

이제 $A \neq O$ 라 가정하자. $A(\operatorname{adj} A) = (\det A)I = O$ 이므로, 만약 $\operatorname{adj} A$ 의 역행렬이 존재한다면 양쪽에 $\operatorname{adj} A$ 의 역행렬을 곱하여 $A = O$ 가 되므로 가정에 모순이다. 따라서 $\operatorname{adj} A$ 는 가역행렬이 아니므로 그 행렬식 $\det(\operatorname{adj} A)$ 은 0 일 수밖에 없다.

[별해] 행렬 A 대신 $A + tI$ 를 생각하자. 여기서 t 는 실수값을 가지는 변수이다. $\det(A + tI)$ 는 t 에 대한 다항식이고 $t = 0$ 일 때 그 값이 0 이 되므로, t 가 0 에 충분히 가까울 때 $\det(A + tI) \neq 0$ 이라 할 수 있다. 그러면 앞의 결과에서 $\det(\operatorname{adj}(A + tI)) = (\det(A + tI))^{n-1}$ 이 된다. 양변이 모두 t 에 대한 다항식이므로 연속함수여서

$$\begin{aligned}\det(\operatorname{adj} A) &= \lim_{t\to 0} \det(\operatorname{adj}(A + tI)) \\ &= \lim_{t\to 0} (\det(A + tI))^{n-1} = (\det A)^{n-1} = 0\end{aligned}$$

이 된다.

2.8 $B = \operatorname{adj} A$ 라 하자. $\det A \neq 0$ 이면 $\det B \neq 0$ 이고 $B(\operatorname{adj} B) = (\det B)I$ 이므로 앞 연습문제의 결과로부터

$$\begin{aligned}\operatorname{adj}(\operatorname{adj} A) &= \operatorname{adj} B = (\det B)B^{-1} \\ &= (\det A)^{n-1} \times \frac{1}{\det A} A = (\det A)^{n-2} A\end{aligned}$$

이다. 만약 $\det A = 0$ 이면 $B = \operatorname{adj}(A + tI)$ 라 하자. 변수 t 가 0 에 가까운 값일 때 $\det B \neq 0$ 이므로, 위 결과로부터 $\operatorname{adj} B = (\det(A + tI))^{n-2}(A + tI)$ 이다. 두 행렬의 모든 성분이 t 에 대한 다항식이므로,

$$\operatorname{adj}(\operatorname{adj} A) = \lim_{t\to 0} \operatorname{adj} B = \lim_{t\to 0} (\det(A + tI))^{n-2}(A + tI)$$

이다. 따라서 $n = 2$ 이면 $\operatorname{adj}(\operatorname{adj} A) = A$ 이고 $n \geq 3$ 이면 $\operatorname{adj}(\operatorname{adj} A) = O$ 이다.

셋째 날

3.1 $(0 + 0)\mathbf{v} = 0\mathbf{v}$ 이고 분배법칙으로 좌변을 전개하면 $0\mathbf{v} + 0\mathbf{v} = 0\mathbf{v}$ 이다. $0\mathbf{v}$ 의 덧셈에 대한 역원을 양변에 더하면 $0\mathbf{v} = \mathbf{0}$ 이 된다.

3.2 $\mathbf{v} + (-1)\mathbf{v} = 1\mathbf{v} + (-1)\mathbf{v} = (1 + (-1))\mathbf{v} = 0\mathbf{v} = \mathbf{0}$이므로 $-\mathbf{v} = (-1)\mathbf{v}$이다.

3.3 벡터공간이 되기 위한 다른 조건은 V가 벡터공간이라는 사실로부터 자동으로 성립하므로, 벡터의 덧셈에 대하여 닫혀 있는지, 덧셈의 항등원은 존재하는지, 덧셈의 역원은 존재하는지만 조사하면 된다.

임의의 두 벡터 $\mathbf{v}_1, \mathbf{v}_2 \in \mathrm{U} \cap \mathrm{W}$에 대하여 $\mathbf{v}_1 + \mathbf{v}_2$는 U에 속하는 두 벡터를 더한 것이면서 W에 속하는 두 벡터를 더한 것이기도 하므로 $\mathbf{v}_1 + \mathbf{v}_2 \in \mathrm{U} \cap \mathrm{W}$이다.

한편 $\mathbf{0} \in \mathrm{U}$이면서 $\mathbf{0} \in \mathrm{W}$이므로 $\mathbf{0} \in \mathrm{U} \cap \mathrm{W}$이다.

U와 W가 벡터공간이므로, $\mathbf{v} \in \mathrm{U}$이면 $-\mathbf{v} \in \mathrm{U}$이고 $\mathbf{v} \in \mathrm{W}$이면 $-\mathbf{v} \in \mathrm{W}$이다. 따라서 $\mathbf{v} \in \mathrm{U} \cap \mathrm{W}$이면 $-\mathbf{v} \in \mathrm{U} \cap \mathrm{W}$이다.

이상의 결과로부터 $\mathrm{U} \cap \mathrm{W}$는 V의 부분공간이다.

3.4 $\sin mx$와 $\sin nx$의 내적을 계산하면,

$$\begin{aligned}\langle \sin mx, \sin nx \rangle &= \int_{-\pi}^{\pi} \sin mx \sin nx dx \\ &= -\frac{1}{2}\int_{-\pi}^{\pi} (\cos(m+n)x - \cos(m-n)x)dx \\ &= 0\end{aligned}$$

이므로 두 벡터는 직교한다.

3.5 놈의 정의로부터 $\|\mathbf{v} + t\mathbf{w}\|^2 \geq 0$이다. 좌변을 고쳐 쓰면,

$$\begin{aligned}\|\mathbf{v} + t\mathbf{w}\|^2 &= \langle \mathbf{v} + t\mathbf{w}, \mathbf{v} + t\mathbf{w} \rangle \\ &= \langle \mathbf{v}, \mathbf{v} \rangle + 2\langle \mathbf{v}, \mathbf{w} \rangle t + \langle \mathbf{w}, \mathbf{w} \rangle t^2 \\ &= \|\mathbf{v}\|^2 + 2\langle \mathbf{v}, \mathbf{w} \rangle t + \|\mathbf{w}\|^2 t^2 \\ &\geq 0\end{aligned}$$

이다. 이 이차부등식이 임의의 t에 대해 성립하려면 판별식이 0보다 작거나 같아야 한다. 즉,

$$\langle \mathbf{v}, \mathbf{w} \rangle^2 - \|\mathbf{w}\|^2 \|\mathbf{w}\|^2 \leq 0$$

이다. 부등식을 정리하면

$$\langle \mathbf{v}, \mathbf{w} \rangle \leq \|\mathbf{v}\| \, \|\mathbf{w}\|$$

이다.

3.6 $\mathbf{a} \cdot (\mathbf{b} \times \mathbf{c}) = \|\mathbf{a}\| \|\mathbf{b} \times \mathbf{c}\| \cos\theta$이므로 이 값은 세 벡터 $\mathbf{a}, \mathbf{b}, \mathbf{c}$로 만들어지는 평행육면체의 부피 $\det\begin{bmatrix}\mathbf{a} & \mathbf{b} & \mathbf{c}\end{bmatrix}$와 같다.

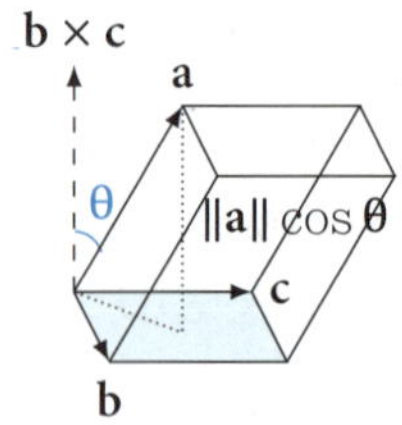

만약 벡터 $\mathbf{a}$와 벡터 $\mathbf{b}\times\mathbf{c}$가 이루는 각 θ가 $\frac{\pi}{2}$보다 크다면 $\mathbf{a}\cdot(\mathbf{b}\times\mathbf{c})<0$이 된다. 이 경우 세 열벡터 $\mathbf{a},\mathbf{b},\mathbf{c}$가 왼손 손가락 순서로 놓여 있으므로 $\det\begin{bmatrix}\mathbf{a} & \mathbf{b} & \mathbf{c}\end{bmatrix}<0$이 되어 결과가 일치한다.

넷째 날

4.1 $\mathbf{v}_1,\mathbf{v}_2\in\mathbb{R}^2$이므로 $\operatorname{span}(\mathbf{v}_1,\mathbf{v}_2)\subseteq\mathbb{R}^2$은 당연하다.

임의의 벡터 $(x,y)\in\mathbb{R}^2$에 대하여

$$(x,y)=a_1\mathbf{v}_1+a_2\mathbf{v}_2=(a_1,a_1+2a_2)$$

가 되는 $a_1,a_2\in\mathbb{R}$를 찾아보면, $a_1=x$이고 $a_2=\frac{y-x}{2}$이므로 $(x,y)\in\operatorname{span}(\mathbf{v}_1,\mathbf{v}_2)$가 되어 $\mathbb{R}^2\subseteq\operatorname{span}(\mathbf{v}_1,\mathbf{v}_2)$이다.

따라서 $\mathbf{v}_1$와 $\mathbf{v}_2$는 $\mathbb{R}^2$를 생성한다.

4.2 $a_1\mathbf{v}_1+a_2\mathbf{v}_2+a_3\mathbf{v}_3=\mathbf{0}$을 행렬로 나타내면

$$\begin{bmatrix}1&1&0\\1&0&1\\0&1&1\end{bmatrix}\begin{bmatrix}a_1\\a_2\\a_3\end{bmatrix}=\begin{bmatrix}0\\0\\0\end{bmatrix}$$

이고 기본행연산을 하여 행사다리꼴로 바꾸면

$$\begin{bmatrix}1&1&0\\0&1&1\\0&0&2\end{bmatrix}\begin{bmatrix}a_1\\a_2\\a_3\end{bmatrix}=\begin{bmatrix}0\\0\\0\end{bmatrix}$$

가 되어, $a_1=a_2=a_3=0$이 유일한 해임을 알 수 있다. 따라서 세 벡터 $\mathbf{v}_1,\mathbf{v}_2,\mathbf{v}_3$은 일차독립이다.

4.3 각 벡터공간의 적당한 기저를 찾으면 된다.

(1) 다음 행렬들이 기저를 이루므로 $\dim\operatorname{Mat}_{2\times3}(\mathbb{R})=6$.

$$\begin{bmatrix}1&0&0\\0&0&0\end{bmatrix},\begin{bmatrix}0&1&0\\0&0&0\end{bmatrix},\begin{bmatrix}0&0&1\\0&0&0\end{bmatrix},\begin{bmatrix}0&0&0\\1&0&0\end{bmatrix},\begin{bmatrix}0&0&0\\0&1&0\end{bmatrix},\begin{bmatrix}0&0&0\\0&0&1\end{bmatrix}$$

(2) $\{1,x,x^2,x^3\}$이 기저가 되므로 $\dim\mathbf{P}_3(\mathbb{R})=4$.

(3) 다음 행렬들이 기저를 이루므로 차원은 6.

$$\begin{bmatrix}1&0&0\\0&0&0\\0&0&0\end{bmatrix},\begin{bmatrix}0&1&0\\1&0&0\\0&0&0\end{bmatrix},\begin{bmatrix}0&0&1\\0&0&0\\1&0&0\end{bmatrix},\begin{bmatrix}0&0&0\\0&1&0\\0&0&0\end{bmatrix},\begin{bmatrix}0&0&0\\0&0&1\\0&1&0\end{bmatrix},\begin{bmatrix}0&0&0\\0&0&0\\0&0&1\end{bmatrix}$$

4.4 W의 기저가 $\{\mathbf{w}_1, \mathbf{w}_2, \ldots, \mathbf{w}_n\}$이라 하자. 만약 $\mathrm{V} \neq \mathrm{W}$라면, 적당한 $\mathbf{v} \in \mathrm{V}$가 있어서 $\mathbf{v} \notin \mathrm{span}(\mathbf{w}_1, \mathbf{w}_2, \ldots, \mathbf{w}_n)$이 된다. 그러면 $n+1$개의 벡터 $\mathbf{v}, \mathbf{w}_1, \mathbf{w}_2, \ldots, \mathbf{w}_n$이 일차독립이 되어 정리 4.2에 모순이 된다. 따라서 $\mathrm{V} = \mathrm{W}$이다.

4.5 첫 번째 벡터로 $\mathbf{v}_1 = 1 \in \mathrm{P}_2(\mathbb{R})$를 고르자. 벡터 $\mathbf{v}_1$의 놈을 계산하면

$$\|\mathbf{v}_1\|^2 = \langle 1, 1\rangle = \int_{-1}^{1} 1 \cdot 1 dx = 2$$

이므로 첫 번째 벡터를 $\mathbf{v}_1 = \frac{1}{\sqrt{2}}$로 고치면 정규벡터가 된다.

두 번째 벡터로 $\mathrm{span}(\mathbf{v}_1)$에 속하지 않는 $\mathbf{w}_2 = x$를 고르자. 직교기저를 이루는 두 번째 벡터 $\mathbf{v}_2$를 그람-슈미트 과정을 이용하여 구하면

$$\mathbf{v}_2 = \mathbf{w}_2 - \mathrm{proj}_{\mathbf{v}_1} \mathbf{w}_2 = x - \frac{\langle \mathbf{w}_2, \mathbf{v}_1\rangle}{\langle \mathbf{v}_1, \mathbf{v}_1\rangle}\mathbf{v}_1 = x - \frac{\int_{-1}^{1} \frac{1}{\sqrt{2}} x dx}{1} \times \frac{1}{\sqrt{2}} = x$$

이다. 벡터 $\mathbf{v}_2$의 놈을 계산하면

$$\|\mathbf{v}_2\|^2 = \langle x, x\rangle = \int_{-1}^{1} x^2 dx = \frac{2}{3}$$

이므로 두 번째 벡터를 $\mathbf{v}_2 = \sqrt{\frac{3}{2}}x$로 고치면 정규벡터가 된다.

마지막 세 번째 벡터로 $\mathrm{span}(\mathbf{v}_1, \mathbf{v}_2)$에 속하지 않는 $\mathbf{w}_3 = x^2$를 고르자. 직교기저를 이루는 세 번째 벡터 $\mathbf{v}_3$을 그람-슈미트 과정을 이용하여 구하면

$$\begin{aligned}\mathbf{v}_3 &= \mathbf{w}_3 - \mathrm{proj}_{\mathbf{v}_1} \mathbf{w}_3 - \mathrm{proj}_{\mathbf{v}_2} \mathbf{w}_3 \\ &= \mathbf{w}_3 - \frac{\langle \mathbf{w}_3, \mathbf{v}_1\rangle}{\langle \mathbf{v}_1, \mathbf{v}_1\rangle}\mathbf{v}_1 - \frac{\langle \mathbf{w}_3, \mathbf{v}_2\rangle}{\langle \mathbf{v}_2, \mathbf{v}_2\rangle}\mathbf{v}_2 \\ &= x^2 - \frac{\int_{-1}^{1} \frac{1}{\sqrt{2}} x^2 dx}{1} \times \frac{1}{\sqrt{2}} - \frac{\int_{-1}^{1} \sqrt{\frac{3}{2}} x^3 dx}{1} \times \sqrt{\frac{3}{2}}x \\ &= x^2 - \frac{1}{3}\end{aligned}$$

이 된다. 벡터 $\mathbf{v}_3$의 놈을 계산하면

$$\|\mathbf{v}_3\|^2 = \langle x^2 - \frac{1}{3}, x^2 - \frac{1}{3}\rangle = \int_{-1}^{1} \left(x^2 - \frac{1}{3}\right)^2 dx = \frac{8}{45}$$

이므로 세 번째 벡터를 $\mathbf{v}_3 = \frac{3\sqrt{5}}{2\sqrt{2}}\left(x^2 - \frac{1}{3}\right)$로 고치면 정규벡터가 된다.

따라서 구하는 정규직교벡터는

$$\left\{\mathrm{v}_1 = \frac{1}{\sqrt{2}},\quad \mathrm{v}_2 = \sqrt{\frac{3}{2}}x,\quad \mathrm{v}_3 = \frac{3}{2\sqrt{2}}\left(x^2 - \frac{1}{3}\right)\right\}$$

이다. 실제로 $i \neq j$ 일 때 $\langle \mathrm{v}_i, \mathrm{v}_j \rangle = 0$을 확인할 수 있다.

다섯째 날

5.1 (1) $\mathrm{T}(\mathbf{0}_\mathrm{V}) = \mathrm{T}(\mathbf{0}_\mathrm{V} + \mathbf{0}_\mathrm{V}) = \mathrm{T}(\mathbf{0}_\mathrm{V}) + \mathrm{T}(\mathbf{0}_\mathrm{V})$ 이므로 양변에 $\mathrm{T}(\mathbf{0}_\mathrm{V}) \in \mathrm{W}$의 덧셈에 대한 역원을 더하면 $\mathrm{T}(\mathbf{0}_\mathrm{V}) = \mathbf{0}_\mathrm{W}$가 된다.

(2) $\mathrm{T}(\mathrm{v}) + \mathrm{T}(-\mathrm{v}) = \mathrm{T}(\mathrm{v} + (-\mathrm{v})) = \mathrm{T}(\mathbf{0}_\mathrm{V}) = \mathbf{0}_\mathrm{W}$ 이므로 $-\mathrm{T}(\mathrm{v}) = -\mathrm{T}(\mathrm{v})$가 된다.

5.2 $\mathrm{S} \circ \mathrm{T}$가 선형사상의 두 조건을 만족함을 보이면 된다.

$$\mathrm{S}(\mathrm{T}(\mathrm{v}_1 + \mathrm{v}_2)) = \mathrm{S}(\mathrm{T}(\mathrm{V}_1) + \mathrm{T}(\mathrm{v}_2)) = \mathrm{S}(\mathrm{T}(\mathrm{v}_1)) + \mathrm{S}(\mathrm{T}(\mathrm{v}_2))$$
$$\mathrm{S}(\mathrm{T}(k\mathrm{v})) = \mathrm{S}(k\mathrm{T}(\mathrm{v})) = k\mathrm{S}(\mathrm{T}(\mathrm{v}))$$

이므로 $\mathrm{S} \circ \mathrm{T}$는 선형사상이다.

5.3 내적의 성질로부터

$$\begin{aligned}\mathrm{proj}_\mathrm{v}(\mathrm{w}_1 + \mathrm{w}_2) &= \frac{\langle \mathrm{w}_1 + \mathrm{w}_2, \mathrm{v}\rangle}{\langle \mathrm{v}, \mathrm{v}\rangle}\mathrm{v} = \frac{\langle \mathrm{w}_1, \mathrm{v}\rangle + \langle \mathrm{w}_2, \mathrm{v}\rangle}{\langle \mathrm{v}, \mathrm{v}\rangle}\mathrm{v} \\ &= \frac{\langle \mathrm{w}_1, \mathrm{v}\rangle}{\langle \mathrm{v}, \mathrm{v}\rangle}\mathrm{v} + \frac{\langle \mathrm{w}_2, \mathrm{v}\rangle}{\langle \mathrm{v}, \mathrm{v}\rangle}\mathrm{v} \\ &= \mathrm{proj}_\mathrm{v}\,\mathrm{w}_1 + \mathrm{proj}_\mathrm{v}\,\mathrm{w}_2 \\ \mathrm{proj}_\mathrm{v}(k\mathrm{w}) &= \frac{\langle k\mathrm{w}, \mathrm{v}\rangle}{\langle \mathrm{v}, \mathrm{v}\rangle}\mathrm{v} = \frac{k\langle \mathrm{w}, \mathrm{v}\rangle}{\langle \mathrm{v}, \mathrm{v}\rangle}\mathrm{v} = k\left(\frac{\langle \mathrm{w}, \mathrm{v}\rangle}{\langle \mathrm{v}, \mathrm{v}\rangle}\mathrm{v}\right) \\ &= k\,\mathrm{proj}_\mathrm{v}(\mathrm{w})\end{aligned}$$

이므로 proj_v는 선형사상이다.

5.4 $\ker \mathrm{T}$에 속하는 임의의 두 벡터 v_1과 v_2에 대하여

$$\mathrm{T}(\mathrm{v}_1 + \mathrm{v}_2) = \mathrm{T}(\mathrm{v}_1) + \mathrm{T}(\mathrm{v}_2) = \mathbf{0}_\mathrm{W} + \mathbf{0}_\mathrm{W} = \mathbf{0}_\mathrm{W}$$

이므로 $\mathrm{v}_1 + \mathrm{v}_2 \in \ker \mathrm{T}$이고, 임의의 $k \in \mathbb{R}$와 $\mathrm{v} \in \ker \mathrm{T}$에 대하여

$$\mathrm{T}(k\mathrm{v}) = k\mathrm{T}(\mathrm{v}) = k\mathbf{0}_\mathrm{W} = \mathbf{0}_\mathrm{W}$$

이므로 $k\mathrm{v} \in \ker \mathrm{T}$이다. 특히 $k = 0$일 때 덧셈의 항등원 $\mathbf{0}_\mathrm{V}$가 $\ker \mathrm{T}$에 속함을 알 수 있고 $k = -1$일 때 덧셈의 역원 $-\mathrm{v}$가 $\ker \mathrm{T}$에 속함을 알 수 있다.

벡터공간이 되기 위한 나머지 조건들은 V가 벡터공간이라는 사실로부터 자동으로 성립하므로 ker T는 벡터공간이다.

5.5 벡터공간 V와 W의 차원을 n이라 하자.

T가 전사이면 T(V) = W이므로 dim T(V) = dim W = n이다. 따라서 차원 정리에 의해 dim ker T = 0이므로 ker T = $\{\mathbf{0}_V\}$이 된다.

두 벡터 $\mathbf{v}_1, \mathbf{v}_2 \in V$에 대하여 $T(\mathbf{v}_1) = T(\mathbf{v}_2)$라면,

$$T(\mathbf{v}_1) - T(\mathbf{v}_2) = T(\mathbf{v}_1 - \mathbf{v}_2) = \mathbf{0}_W$$

로부터 $\mathbf{v}_1 - \mathbf{v}_2 = \mathbf{0}_V$가 되어 T는 단사가 된다.

반대로 T가 단사라 가정하면 dim ker T = 0이고 차원 정리에 의해

$$\dim T(V) = n$$

이 된다. T(V) ⊂ W이면서 dim T(V) = dim W이므로 T(V) = W이다.

5.6 두 행렬 A와 B를 왼쪽에 곱하는 사상을 $L_A, L_B : \mathbb{R}^n \to \mathbb{R}^n$이라 하자. 그러면 AB = I는 $L_A \circ L_B = \mathrm{Id}$를 나타낸다.

만약 L_A가 전사가 아니라면, $L_A \circ L_B$ 역시 전사가 아니므로 $L_A \circ L_B = \mathrm{Id}$가 될 수 없다. 따라서 L_A는 전사이고, 따름정리 5.2에 의해 L_A는 전단사이다.

한편, L_B가 단사가 아니라면, $L_A \circ L_B$ 역시 단사가 아니므로 $L_A \circ L_B = \mathrm{Id}$가 될 수 없다. 따라서 L_B는 단사이고, 따름정리 5.2에 의해 L_B는 전단사이다.

두 사상 L_A와 L_B가 모두 전단사이므로, L_A와 L_B에 따른 대응 관계를 생각하면 $L_B \circ L_A = \mathrm{Id}$가 된다. $L_B \circ L_A$에 대응하는 행렬이 BA이므로, BA = I이다.

5.7 (1) $A = P^{-1}BP$이면

$$\det A = \det(P^{-1}BP) = \det P^{-1} \det B \det P = \det B.$$

(2) $X = [x_{ij}]$, $Y = [y_{ij}]$라 하면, XY의 대각성분이

$$x_{11}y_{11} + x_{12}y_{21} + \cdots + x_{1n}y_{n1},$$
$$x_{21}y_{12} + x_{22}y_{22} + \cdots + x_{2n}y_{n2},$$
$$\cdots,$$
$$x_{n1}y_{1n} + x_{n2}y_{2n} + \cdots + x_{nn}y_{nn}$$

이고, YX의 대각성분이

$$x_{11}y_{11} + x_{21}y_{12} + \cdots + x_{n1}y_{1n},$$
$$x_{12}y_{21} + x_{22}y_{22} + \cdots + x_{n2}y_{2n},$$

$$\cdots,$$

$$x_{1n}y_{n1} + x_{2n}y_{n2} + \cdots + x_{nn}y_{nn}$$

이므로 $\mathrm{tr}(\mathrm{XY}) = \mathrm{tr}(\mathrm{YX})$가 성립한다. 그러면

$$\mathrm{tr}\,\mathrm{A} = \mathrm{tr}(\mathrm{P}^{-1}\mathrm{BP}) = \mathrm{tr}(\mathrm{PP}^{-1}\mathrm{B}) = \mathrm{tr}\,\mathrm{B}$$

이다.

(3) $\mathrm{A} = \mathrm{P}^{-1}\mathrm{BP}$를 대입하면,

$$\begin{aligned} \mathrm{O} &= a_n\mathrm{A}^n + a_{n-1}\mathrm{A}^{n-1} + \cdots + a_1\mathrm{A} + a_0\mathrm{I} \\ &= a_n(\mathrm{P}^{-1}\mathrm{BP})^n + a_{n-1}(\mathrm{P}^{-1}\mathrm{BP})^{n-1} + \cdots + a_1(\mathrm{P}^{-1}\mathrm{BP}) + a_0\mathrm{I} \\ &= a_n\mathrm{P}^{-1}\mathrm{B}^n\mathrm{P} + a_{n-1}\mathrm{P}^{-1}\mathrm{B}^{n-1}\mathrm{P} + \cdots + a_1\mathrm{P}^{-1}\mathrm{BP} + a_0\mathrm{I} \\ &= \mathrm{P}^{-1}(a_n\mathrm{B}^n + a_{n-1}\mathrm{B}^{n-1} + \cdots + a_1\mathrm{B} + a_0\mathrm{I})\mathrm{P} \end{aligned}$$

이므로

$$a_n\mathrm{B}^n + a_{n-1}\mathrm{B}^{n-1} + \cdots + a_1\mathrm{B} + a_0\mathrm{I} = \mathrm{O}$$

이다.

5.8 T가 내적을 보존하면,

$$\|\mathrm{T}(\mathrm{v})\|^2 = \mathrm{T}(\mathrm{v}) \cdot \mathrm{T}(\mathrm{v}) = \mathrm{v} \cdot \mathrm{v} = \|\mathrm{v}\|^2$$

이 되어 T는 놈을 보존한다.

T가 놈을 보존하면

$$\begin{aligned} \mathrm{T}(\mathrm{v}) \cdot \mathrm{T}(\mathrm{w}) &= \frac{1}{2}(\|\mathrm{T}(\mathrm{v}) + \mathrm{T}(\mathrm{w})\|^2 - \|\mathrm{T}(\mathrm{v})\|^2 - \|\mathrm{T}(\mathrm{w})\|^2) \\ &= \frac{1}{2}(\|\mathrm{T}(\mathrm{v} + \mathrm{w})\|^2 - \|\mathrm{T}(\mathrm{v})\|^2 - \|\mathrm{T}(\mathrm{w})\|^2) \\ &= \frac{1}{2}(\|\mathrm{v} + \mathrm{w}\|^2 - \|\mathrm{v}\|^2 - \|\mathrm{w}\|^2) \\ &= \mathrm{v} \cdot \mathrm{w} \end{aligned}$$

가 되어 T는 내적을 보존한다.

5.9 선형사상 T를 나타내는 행렬을 $\mathrm{A} = \begin{bmatrix} a & b \\ c & d \end{bmatrix}$라 하면, 이 행렬은 직교행렬이므로

$$\begin{bmatrix} a & b \\ c & d \end{bmatrix}\begin{bmatrix} a & b \\ c & d \end{bmatrix}^{\mathrm{T}} = \begin{bmatrix} a & b \\ c & d \end{bmatrix}\begin{bmatrix} a & c \\ b & d \end{bmatrix} = \begin{bmatrix} a^2 + b^2 & ac + bd \\ ac + bd & c^2 + d^2 \end{bmatrix} = \begin{bmatrix} 1 & 0 \\ 0 & 1 \end{bmatrix}$$

로부터

$$a^2 + b^2 = 1, \qquad ac + bd = 0, \qquad c^2 + d^2 = 1$$

이다.

한편 $A^TA = I$이므로 $\det A = ad - bc = \pm 1$이어야 한다. 연립하여 풀면, $a^2 + b^2 = 1$이면서

$$c = -b, d = a \text{ 또는 } c = b, d = -a$$

가 된다. $c = \pm b$이므로 $a^2 + c^2 = 1$이다. $a = \cos\theta, c = \sin\theta$로 두면

$$\begin{bmatrix} \cos\theta & -\sin\theta \\ \sin\theta & \cos\theta \end{bmatrix} \text{ 또는 } \begin{bmatrix} \cos\theta & \sin\theta \\ \sin\theta & -\cos\theta \end{bmatrix}$$

를 구할 수 있다.

두 번째 행렬은

$$\begin{bmatrix} \cos\theta & \sin\theta \\ \sin\theta & -\cos\theta \end{bmatrix} = \begin{bmatrix} \cos\theta & -\sin\theta \\ \sin\theta & \cos\theta \end{bmatrix} \begin{bmatrix} 1 & 0 \\ 0 & -1 \end{bmatrix}$$

이므로, 먼저 아래위를 뒤집은 다음 θ만큼 회전한 것으로 생각할 수 있다.

5.10 직선 $y = ax + b$에 다섯 점의 좌표를 대입하면

$$\begin{bmatrix} -5 & 1 \\ -2 & 1 \\ -1 & 1 \\ 2 & 1 \\ 5 & 1 \end{bmatrix} \begin{bmatrix} a \\ b \end{bmatrix} = \begin{bmatrix} -2 \\ 0 \\ 0 \\ 3 \\ 4 \end{bmatrix}$$

가 되지만, 이 방정식을 만족하는 a와 b는 존재하지 않는다. 최소제곱해를 구하기 위하여

$$\begin{bmatrix} -5 & -2 & -1 & 2 & 5 \\ 1 & 1 & 1 & 1 & 1 \end{bmatrix} \begin{bmatrix} -5 & 1 \\ -2 & 1 \\ -1 & 1 \\ 2 & 1 \\ 5 & 1 \end{bmatrix} \begin{bmatrix} a \\ b \end{bmatrix} = \begin{bmatrix} -5 & -2 & -1 & 2 & 5 \\ 1 & 1 & 1 & 1 & 1 \end{bmatrix} \begin{bmatrix} -2 \\ 0 \\ 0 \\ 3 \\ 4 \end{bmatrix}$$

를 계산하면

$$\begin{bmatrix} 59 & -1 \\ -1 & 5 \end{bmatrix} \begin{bmatrix} a \\ b \end{bmatrix} = \begin{bmatrix} 36 \\ 5 \end{bmatrix}$$

이고 방정식을 풀면 $a = \frac{185}{294}, b = \frac{331}{294}$이다.

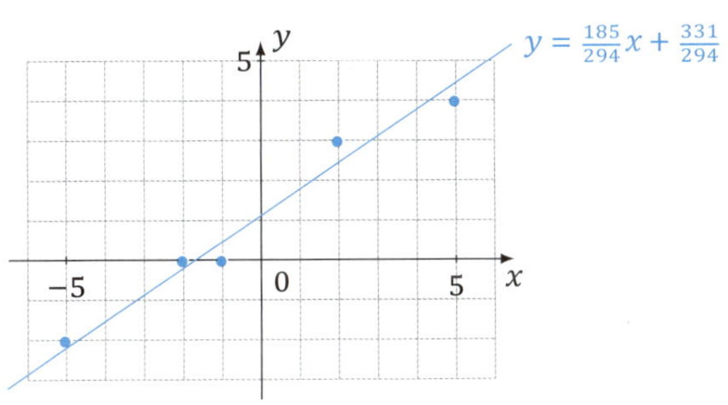

5.11 쌍대기저의 정의로부터 선형사상 $\mathbf{v}_i^*$를 나타내는 행렬은 행벡터가 된다. 따라서

$$\begin{bmatrix} \mathbf{v}_1^* \\ \mathbf{v}_2^* \\ \mathbf{v}_3^* \end{bmatrix} \begin{bmatrix} \mathbf{v}_1 & \mathbf{v}_2 & \mathbf{v}_3 \end{bmatrix} = \begin{bmatrix} 1 & 0 & 0 \\ 0 & 1 & 0 \\ 0 & 0 & 1 \end{bmatrix}$$

를 만족하는 $\mathbf{v}_i^*$를 구하면 된다. 엄밀히는 $\mathbf{v}_i$와 $\mathbf{v}_i^*$가 아니라 표준기저에 대한 좌표 벡터를 나타내는 $[\mathbf{v}_i]$와 $[\mathbf{v}_i^*]$로 써야하지만 편의상 혼용하여 쓰기로 한다.

위 식을 정리하면

$$\begin{bmatrix} \mathbf{v}_1^* \\ \mathbf{v}_2^* \\ \mathbf{v}_3^* \end{bmatrix} = \begin{bmatrix} \mathbf{v}_1 & \mathbf{v}_2 & \mathbf{v}_3 \end{bmatrix}^{-1} = \begin{bmatrix} 1 & 0 & 1 \\ 1 & 1 & 0 \\ 0 & 1 & 1 \end{bmatrix}^{-1} = \frac{1}{2}\begin{bmatrix} 1 & 1 & -1 \\ -1 & 1 & 1 \\ 1 & -1 & 1 \end{bmatrix}$$

이므로

$$\mathbf{v}_1^* = \begin{bmatrix} \frac{1}{2} & \frac{1}{2} & -\frac{1}{2} \end{bmatrix}, \quad \mathbf{v}_2^* = \begin{bmatrix} -\frac{1}{2} & \frac{1}{2} & \frac{1}{2} \end{bmatrix}, \quad \mathbf{v}_3^* = \begin{bmatrix} \frac{1}{2} & -\frac{1}{2} & \frac{1}{2} \end{bmatrix}$$

이 된다. 실제로 $\mathbf{v}_i^*(\mathbf{v}_j)$를 계산하여 쌍대기저인지 확인할 수 있다.

이중쌍대기저의 정의로부터 선형사상 $\mathbf{v}_i^{**}$는 열벡터가 된다. 따라서

$$\begin{bmatrix} \mathbf{v}_1^{**} & \mathbf{v}_2^{**} & \mathbf{v}_3^{**} \end{bmatrix} \begin{bmatrix} \mathbf{v}_1^* \\ \mathbf{v}_2^* \\ \mathbf{v}_3^* \end{bmatrix} = \begin{bmatrix} 1 & 0 & 0 \\ 0 & 1 & 0 \\ 0 & 0 & 1 \end{bmatrix}$$

를 만족하는 $\mathbf{v}_i^{**}$를 구하면 된다. 두 행렬이 서로 역행렬이므로

$$\begin{bmatrix} \mathbf{v}_1^{**} & \mathbf{v}_2^{**} & \mathbf{v}_3^{**} \end{bmatrix} = \begin{bmatrix} \mathbf{v}_1 & \mathbf{v}_2 & \mathbf{v}_3 \end{bmatrix} = \begin{bmatrix} 1 & 0 & 1 \\ 1 & 1 & 0 \\ 0 & 1 & 1 \end{bmatrix}$$

가 되어 $\mathbf{v}_i^{**} = \mathbf{v}_i$임을 알 수 있다.

여섯째 날

6.1 피보나치 수열의 점화식은 행렬을 이용하여 다음과 같이 나타낼 수 있다.

$$\begin{bmatrix} F_{n+1} \\ F_n \end{bmatrix} = \begin{bmatrix} 1 & 1 \\ 1 & 0 \end{bmatrix}\begin{bmatrix} F_n \\ F_{n-1} \end{bmatrix} = \begin{bmatrix} 1 & 1 \\ 1 & 0 \end{bmatrix}^2 \begin{bmatrix} F_{n-1} \\ F_{n-2} \end{bmatrix} = \cdots = \begin{bmatrix} 1 & 1 \\ 1 & 0 \end{bmatrix}^{n-1} \begin{bmatrix} F_2 \\ F_1 \end{bmatrix}$$

$A = \begin{bmatrix} 1 & 1 \\ 1 & 0 \end{bmatrix}$이라 하고 A의 특성방정식을 구하면 $x^2 - x - 1 = 0$이므로 고유값은

$$\alpha = \frac{1+\sqrt{5}}{2}, \qquad \beta = \frac{1-\sqrt{5}}{2}$$

이다. 각 고유값에 대한 고유벡터를 구하면

$$A\begin{bmatrix}\alpha\\1\end{bmatrix}=\alpha\begin{bmatrix}\alpha\\1\end{bmatrix},\qquad A\begin{bmatrix}\beta\\1\end{bmatrix}=\beta\begin{bmatrix}\beta\\1\end{bmatrix}$$

이므로 $P=\begin{bmatrix}\alpha & \beta\\1 & 1\end{bmatrix}$라 할 때,

$$\begin{aligned}\begin{bmatrix}F_{n+1}\\F_n\end{bmatrix}&=A^{n-1}\begin{bmatrix}F_2\\F_1\end{bmatrix}=\left(P\begin{bmatrix}\alpha & 0\\0 & \beta\end{bmatrix}P^{-1}\right)^{n-1}\begin{bmatrix}F_2\\F_1\end{bmatrix}\\&=P\begin{bmatrix}\alpha & 0\\0 & \beta\end{bmatrix}^{n-1}P^{-1}\begin{bmatrix}F_2\\F_1\end{bmatrix}\\&=P\begin{bmatrix}\alpha^{n-1} & 0\\0 & \beta^{n-1}\end{bmatrix}P^{-1}\begin{bmatrix}F_2\\F_1\end{bmatrix}\end{aligned}$$

이 된다.

식을 정리하여 피보나치 수열의 일반항을 구하면

$$F_n=\frac{1}{\alpha-\beta}(\alpha^n-\beta^n)=\frac{1}{\sqrt{5}}\left(\left(\frac{1+\sqrt{5}}{2}\right)^n-\left(\frac{1-\sqrt{5}}{2}\right)^n\right)$$

이다.

6.2 A의 거듭제곱을 차례대로 계산해서 $f(A)=O$를 보일 수도 있지만, 케일리-해밀턴 정리를 역이용하여 A의 특성다항식이 $f(x)$임을 보여도 된다. 알기 쉽게 $n=5$인 경우를 계산하면 다음과 같다.

$$\det(xI-A)=\det\begin{bmatrix}x & 0 & 0 & 0 & a_0\\-1 & x & 0 & 0 & a_1\\0 & -1 & x & 0 & a_2\\0 & 0 & -1 & x & a_3\\0 & 0 & 0 & -1 & x+a_4\end{bmatrix}$$

$$=(-1)^{1+5}a_0\det\begin{bmatrix}-1 & x & 0 & 0\\0 & -1 & x & 0\\0 & 0 & -1 & x\\0 & 0 & 0 & -1\end{bmatrix}+(-1)^{2+5}a_1\det\begin{bmatrix}x & 0 & 0 & 0\\0 & -1 & x & 0\\0 & 0 & -1 & x\\0 & 0 & 0 & -1\end{bmatrix}$$

$$+(-1)^{3+5}a_2\det\begin{bmatrix}x & 0 & 0 & 0\\-1 & x & 0 & 0\\0 & 0 & -1 & x\\0 & 0 & 0 & -1\end{bmatrix}\quad\leftarrow$$ 상삼각행렬과 하삼각행렬이 블록으로 나타난다.

$$+(-1)^{4+5}a_3\det\begin{bmatrix}x & 0 & 0 & 0\\-1 & x & 0 & 0\\0 & -1 & x & 0\\0 & 0 & 0 & -1\end{bmatrix}+(-1)^{5+5}(x+a_4)\det\begin{bmatrix}x & 0 & 0 & 0\\-1 & x & 0 & 0\\0 & -1 & x & 0\\0 & 0 & -1 & x\end{bmatrix}$$

식을 정리하면 $\det(xI-A)=f(x)$를 얻는다.

6.3 동반행렬의 정의에 따라

$$A = \begin{bmatrix} 0 & 0 & 0 & \cdots & 0 & 0 \\ 1 & 0 & 0 & \cdots & 0 & 0 \\ 0 & 1 & 0 & \cdots & 0 & 0 \\ 0 & 0 & 1 & \cdots & 0 & 0 \\ \vdots & \vdots & \vdots & \ddots & \vdots & \vdots \\ 0 & 0 & 0 & \cdots & 1 & 0 \end{bmatrix}$$

라 하면 된다. 동반행렬의 전치행렬도 가능하다.

6.4 행렬 A의 특성다항식은 $x^2-(a+d)x+(ad-bc)$이다. 행렬 A의 고유값이 λ뿐이라는 조건에서 $\mathrm{char.poly}_A(x) = (x-\lambda)^2 = x^2 - 2\lambda x + \lambda^2$이므로 $a+d = 2\lambda,\ ad-bc = \lambda^2$이 된다. 이러한 조건 아래 다음을 만족하는 p, q, r, s를 찾으면 된다.

$$\begin{bmatrix} a & b \\ c & d \end{bmatrix}\begin{bmatrix} p & q \\ r & s \end{bmatrix} = \begin{bmatrix} p & q \\ r & s \end{bmatrix}\begin{bmatrix} \lambda & 1 \\ 0 & \lambda \end{bmatrix}$$

먼저 고유벡터에 해당하는 1열을 구하면

$$\begin{bmatrix} p \\ r \end{bmatrix} = \begin{bmatrix} b \\ \lambda - a \end{bmatrix} \text{ 또는 } \begin{bmatrix} p \\ r \end{bmatrix} = \begin{bmatrix} \lambda - d \\ c \end{bmatrix}$$

이다. 고유값이 λ이므로 $\lambda^2-(a+d)\lambda+(ad-bc) = 0$이 되어 두 벡터 $(b, \lambda-a)$와 $(\lambda-d, c)$는 평행함을 알 수 있다.

만약 $b = 0$이면 $\lambda - a = 0$이 되어 고유벡터가 될 수 없고, $c = 0$이면 $\lambda - d = 0$이 되어 역시 고유벡터가 될 수 없다. 그러나 A가 대각화 가능하지 않다는 조건에서 b와 c가 동시에 0이 되지는 않으므로 상황에 따라 영벡터가 아닌 쪽을 고유벡터로 생각하면 된다.

나머지 두 문자 q와 s는 다음 조건을 만족해야 한다.

$$aq+bs = p+q\lambda, \quad cq+ds = r+s\lambda$$

앞서 구한 결과에서 $p = b$ 또는 $r = c$이므로

$$\begin{bmatrix} p & q \\ r & s \end{bmatrix} = \begin{bmatrix} b & 0 \\ \lambda - a & 1 \end{bmatrix} \text{ 또는 } \begin{bmatrix} p & q \\ r & s \end{bmatrix} = \begin{bmatrix} \lambda - d & 1 \\ c & 0 \end{bmatrix}$$

으로 둘 수 있다. 이 행렬의 역행렬이 존재해야 하므로,

$$\begin{bmatrix} p & q \\ r & s \end{bmatrix} = \begin{cases} \begin{bmatrix} b & 0 \\ \lambda - a & 1 \end{bmatrix} & b \neq 0\text{인 경우} \\ \begin{bmatrix} \lambda - d & 1 \\ c & 0 \end{bmatrix} & b = 0\text{인 경우} \end{cases}$$

라 하면

$$\begin{bmatrix} p & q \\ r & s \end{bmatrix}^{-1} \begin{bmatrix} a & b \\ c & d \end{bmatrix} \begin{bmatrix} p & q \\ r & s \end{bmatrix} = \begin{bmatrix} \lambda & 1 \\ 0 & \lambda \end{bmatrix}$$

가 된다.

6.5 복소수 범위에서 생각하면 $\omega = \frac{-1+\sqrt{-3}}{2}$ 라 할 때 $x^2+x+1 = (x-\omega)(x-\omega^2)$ 으로 인수분해된다. 따라서 A의 특성다항식은 다음 네 경우가 가능하다.

$$(x-\omega)^3, \quad (x-\omega)^2(x-\omega^2), \quad (x-\omega)(x-\omega^2)^2, \quad (x-\omega^2)^3$$

네 경우 가운데 어느 것도 실계수 다항식이 아니므로 A^2+A+I가 되는 실수 행렬 A는 존재하지 않는다.

6.6 $A^3 - A = O$이므로 A의 최소다항식은 $x^3 - x = x(x-1)(x+1)$의 인수여야 한다. 어느 경우든 A의 최소다항식은 x에 대한 일차식의 곱이므로 행렬 A는 대각화 가능하다.

6.7 n번째 해의 지역 A와 B의 인구 수를 A_n과 B_n이라 하면,

$$\begin{bmatrix} A_{n+1} \\ B_{n+1} \end{bmatrix} = \begin{bmatrix} 0.9 & 0.3 \\ 0.1 & 0.7 \end{bmatrix} \begin{bmatrix} A_n \\ B_n \end{bmatrix}$$

가 된다. 고유값 1에 대한 고유벡터를 구하면

$$\begin{bmatrix} 0.9 & 0.3 \\ 0.1 & 0.7 \end{bmatrix} \begin{bmatrix} x \\ y \end{bmatrix} = \begin{bmatrix} x \\ y \end{bmatrix}$$

로부터

$$\begin{bmatrix} x \\ y \end{bmatrix} = \begin{bmatrix} 3 \\ 1 \end{bmatrix}$$

이므로 두 지역의 인구비는 3 : 1에 수렴한다.

일곱째 날

7.1 $\mathbb{R}$ 위의 벡터공간 $\mathbb{C}\times\mathbb{C}$의 기저로

$$(1,0), \qquad (i,0), \qquad (0,1), \qquad (0,i)$$

를 고를 수 있으므로 $\dim_{\mathbb{R}}(\mathbb{C}\times\mathbb{C}) = 4$이다.

$\mathbb{C}$ 위의 벡터공간 $\mathbb{C}\times\mathbb{C}$의 기저로

$$(1,0), \qquad (0,1)$$

을 고를 수 있으므로 $\dim_{\mathbb{C}}(\mathbb{C}\times\mathbb{C}) = 2$이다.

7.2 그냥 성분별로 써서 계산하면 되므로 생략.

7.3 복소벡터공간의 표준내적은 $\mathbf{x} \cdot \mathbf{y} = \mathbf{y}^*\mathbf{x}$라 할 수 있다. 그러면

$$(A\mathbf{x}) \cdot \mathbf{y} = \mathbf{y}^*(A\mathbf{x}) = (A^*\mathbf{y})^*\mathbf{x} = \mathbf{x} \cdot (A^*\mathbf{y})$$

가 성립한다.

7.4 고유값 λ에 대한 고유벡터를 $\mathbf{v}$라 하면 $U\mathbf{v} = \lambda\mathbf{v}$이다. 양변의 놈을 구하면

$$(U\mathbf{v}) \cdot (U\mathbf{v}) = \mathbf{v} \cdot (U^*U\mathbf{v}) = \mathbf{v} \cdot \mathbf{v}$$

이고

$$(\lambda\mathbf{v}) \cdot (\lambda\mathbf{v}) = \lambda\bar{\lambda}(\mathbf{v} \cdot \mathbf{v})$$

이므로, $|\lambda|^2 = \lambda\bar{\lambda} = 1$이다.

7.5 내적의 정의로부터

$$\begin{aligned}\left\langle \mathbf{v}, \mathbf{w} - \frac{\langle \mathbf{w}, \mathbf{v}\rangle}{\langle \mathbf{v}, \mathbf{v}\rangle}\mathbf{v} \right\rangle &= \langle \mathbf{v}, \mathbf{w}\rangle - \left\langle \mathbf{v}, \frac{\langle \mathbf{w}, \mathbf{v}\rangle}{\langle \mathbf{v}, \mathbf{v}\rangle}\mathbf{v} \right\rangle = \langle \mathbf{v}, \mathbf{w}\rangle - \frac{\overline{\langle \mathbf{w}, \mathbf{v}\rangle}}{\langle \mathbf{v}, \mathbf{v}\rangle}\langle \mathbf{v}, \mathbf{v}\rangle \\ &= \langle \mathbf{v}, \mathbf{w}\rangle - \overline{\langle \mathbf{w}, \mathbf{v}\rangle} = \langle \mathbf{v}, \mathbf{w}\rangle - \langle \mathbf{v}, \mathbf{w}\rangle \\ &= 0\end{aligned}$$

여덟째 날

8.1 고유값 0에 대한 고유벡터는 $\mathbf{v}_1 = (1, -1, 0, 0)$을 이용하면 되지만 3에 대한 고유공간의 차원이 2이므로 $(B - 3I)\mathbf{v}_4 \neq \mathbf{0}$이면서 $(B - 3I)^2\mathbf{v}_4 = \mathbf{0}$이 되는 일반화된 고유벡터 $\mathbf{v}_4$를 찾아야 한다.

$$(B - 3I)^2 = \begin{bmatrix} 9 & 0 & -9 & -9 \\ -9 & 0 & 9 & 9 \\ 0 & 0 & 0 & 0 \\ 0 & 0 & 0 & 0 \end{bmatrix}$$

이므로 알기 쉽게 $\mathbf{v}_4 = (0, 1, 0, 0)$라 하자. 그러면

$$\mathbf{v}_3 = (B - 3I)\mathbf{v}_4 = (0, 1, -1, 1)$$

이 되고, 고유값 3에 대한 고유공간에서 $\mathbf{v}_3$과 일차독립인 벡터로 $\mathbf{v}_2 = (1, 0, 0, 1)$을 골라 행렬 $P = \begin{bmatrix} \mathbf{v}_1 & \mathbf{v}_2 & \mathbf{v}_3 & \mathbf{v}_4 \end{bmatrix}$를 구성한다.

$$BP = \begin{bmatrix} 0 & 0 & 3 & 3 \\ 4 & 4 & -3 & -4 \\ -1 & -1 & 3 & 1 \\ 1 & 1 & 0 & 2 \end{bmatrix} \begin{bmatrix} 1 & 1 & 0 & 0 \\ -1 & 0 & 1 & 1 \\ 0 & 0 & -1 & 0 \\ 0 & 1 & 1 & 0 \end{bmatrix}$$

$$= \begin{bmatrix} 1 & 1 & 0 & 0 \\ -1 & 0 & 1 & 1 \\ 0 & 0 & -1 & 0 \\ 0 & 1 & 1 & 0 \end{bmatrix} \begin{bmatrix} 0 & 0 & 0 & 0 \\ 0 & 3 & 0 & 0 \\ 0 & 0 & 3 & 1 \\ 0 & 0 & 0 & 3 \end{bmatrix} = \mathrm{PJ}$$

가 성립하므로 B ~ J를 확인할 수 있다.

8.2 실수부와 허수부를 분리하여 나타내면

$$\mathrm{A}\begin{bmatrix} a_1 \\ \vdots \\ a_n \end{bmatrix} + i\mathrm{A}\begin{bmatrix} b_1 \\ \vdots \\ b_n \end{bmatrix} = \begin{bmatrix} a_1\mu - b_1\nu \\ \vdots \\ a_n\mu - b_n\nu \end{bmatrix} + i\begin{bmatrix} a_1\nu + b_1\mu \\ \vdots \\ a_n\nu + b_n\mu \end{bmatrix}$$

이므로, 실수부끼리 같고 허수부끼리 같다는 사실에서

$$\mathrm{A}\begin{bmatrix} a_1 & b_1 \\ \vdots & \vdots \\ a_n & b_n \end{bmatrix} = \begin{bmatrix} a_1\mu - b_1\nu & a_1\nu + b_1\mu \\ \vdots & \vdots \\ a_n\mu - b_n\nu & a_n\nu + b_n\mu \end{bmatrix}$$

가 성립한다.

8.3 최소다항식 $(x^2 + 2)(x - 2)$의 기약인수가 $x^2 + 2$와 $x - 2$이므로, 4차식인 특성다항식은 $(x^2 + 2)(x - 2)^2$이 될 수밖에 없다. 따라서

$$\mathrm{A} = \begin{bmatrix} 0 & -2 & 0 & 0 \\ 1 & 0 & 0 & 0 \\ 0 & 0 & 2 & 0 \\ 0 & 0 & 0 & 2 \end{bmatrix}$$

라 하면,

$$(\mathrm{A}^2 + 2\mathrm{I})(\mathrm{A} - 2\mathrm{I}) = \begin{bmatrix} 0 & 0 & 0 & 0 \\ 0 & 0 & 0 & 0 \\ 0 & 0 & 2 & 0 \\ 0 & 0 & 0 & 2 \end{bmatrix} \begin{bmatrix} -2 & -2 & 0 & 0 \\ 1 & -2 & 0 & 0 \\ 0 & 0 & 0 & 0 \\ 0 & 0 & 0 & 0 \end{bmatrix} = \begin{bmatrix} 0 & 0 & 0 & 0 \\ 0 & 0 & 0 & 0 \\ 0 & 0 & 0 & 0 \\ 0 & 0 & 0 & 0 \end{bmatrix}$$

이 된다.

찾아보기

8일간의 선형대수학

지은이 박부성
펴낸이 조경희
펴낸곳 경문사
펴낸날 2014년 3월 5일 1판 1쇄
2024년 9월 9일 1판 8쇄
등 록 1979년 11월 9일 제 1979-000023호

주 소 04057, 서울특별시 마포구 와우산로 174
전 화 (02)332-2004 팩스 (02)336-5193
이메일 kyungmoon@kyungmoon.com

값 11,000원

ISBN 978-89-6105-709-7